日光温室环境调控设备研究与应用

王国强　主编

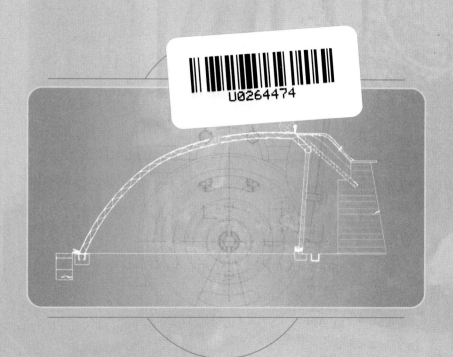

中国农业科学技术出版社

图书在版编目（CIP）数据

日光温室环境调控设备研究与应用／王国强主编 . —北京：中国农业科学
技术出版社，2017.7
ISBN 978-7-5116-3175-6

Ⅰ . ①日⋯　Ⅱ . ①王⋯　Ⅲ . ①日光温室–农业环境–调控–研究　Ⅳ . ①S625.5

中国版本图书馆 CIP 数据核字（2017）第 167578 号

责任编辑　　李　雪　　徐定娜
责任校对　　贾海霞

出 版 者　　中国农业科学技术出版社
　　　　　　北京市中关村南大街 12 号　　邮编：100081
电　　话　　（010）82105169（编辑室）
　　　　　　（010）82109702（发行部）　　（010）82109709（读者服务部）
传　　真　　（010）82109707
网　　址　　http://www.castp.cn
经 销 者　　各地新华书店
印 刷 者　　北京富泰印刷有限责任公司
开　　本　　787 mm×1 092 mm　　1/16
印　　张　　9.5
字　　数　　215 千字
版　　次　　2017 年 7 月第 1 版　　2017 年 7 月第 1 次印刷
定　　价　　56.00 元

《日光温室环境调控设备研究与应用》

编 写 人 员

主　　编：王国强

副 主 编：刘　娜　李　胜

参编人员：齐新洲　高海明　王　彦　柯晓涛

　　　　　郭　磊　石　鑫　刘　涛

目　　录

第一章　日光温室环境与建造技术

第一节　日光温室环境

日光温室环境包括生物环境和生态环境，两者相互影响、相互制约。

一、生物环境

研究生物与环境之间的相互关系，不仅要了解生物本身各方面的特性，还要了解它们生存环境的特性，以及它们两者之间相互促进、相互制约、共同发展的规律。

（一）自然环境

生物的自然环境是指生物有机体生活空间的外界自然条件的总和。所以，生物的自然环境不仅包括对其有影响的非生物环境，而且还包括生物有机体彼此的影响和作用。

生物所需要的环境条件，除了地球本身所提供的物质条件外，最主要的能源来自太阳的辐射能。有了无机物质和能源，植物体才能形成有机物质，并将能源储存于有机物中，生物才能将有机物及能量，连续不断地循环下去。所以说太阳和地球是生物的基本环境条件。

（二）人工环境

广义的人工环境包括所有的作物栽培、家畜与家禽的饲养、引种驯化、人工管理的森林、草地及自然保护区内的一些控制、防护措施等。狭义的人工环境是指人工控制下的动、植物环境。例如"环境控制舍"饲养家畜、家禽，就是最大限度地节约饲料能量，最有效地发挥家畜、家禽的生产力，均衡地获取高产优质产品的理想人工环境。利用塑料薄膜育苗，可以避免和减轻夜间地温和霜害，提高土温和气温，促进幼苗生长发育，是争取稳定高产行之有效的人工环境。现代化温室，不仅可生产各种蔬菜供应冬季市场，还可培育各种花卉，虽在冰天雪地，仍可看到各种珍贵花卉。人工环境为增加作物、畜禽生产潜力做出贡献。

从 1958 年以来，丹麦、日本、美国等先后建成一种新型农业体系——农业工厂化生产，实现了高产、优质、节能省力、高效率的作物生产。农业工厂不受天气、土壤等自然条件的限制，用微机联网方式对整个生长环境进行高度控制，按照计划生产出符合人类要求的规范化农产品。近年来又将无土栽培用在宇航空间站，拓展了利用宇宙自然资源的途径和范围，更强化了人工环境的威力。

（三）环境因子的生态分析

环境是指生物居住空间中的各自存在的条件，这些条件是原来客观存在的，包括生物需要的、不需要的或者有害的条件。在诸多环境因子中，对于某一个具体生物种的生长发育有影响的环境因子，称为生态因子。

1. 生态因子的分类

在任何一种综合性生态环境中，都包含许多性质不同的单因子。每一单因子在综合生态环境中的质量、性能和强度，都会对生物起着主要的或次要的、直接的或间接的、有利的或有害的作用。而这些生态作用又随时间上和空间上的变化而异。根据生态因子的性质，可分为如下几类。

（1）气候因子，如光、温度、空气、水分等。

（2）土壤因子，如土壤质地、土壤结构、土壤物理与化学特性及土壤生物等。

（3）地理因子，如地球表面上的海洋、陆地、湖泊、草原、高山、丘陵、经纬度、海拔等。

（4）生物因子，如动、植物及微生物对环境的作用及生物之间的相互作用。

（5）人为因子，如人类对生物资源的利用、改造和破坏作用及环境污染的危害作用。

2. 研究生态因子的基本原则

（1）生态因子相互联系的总和作用。生态环境是许多生态因子组合起来的总和体，对生物起着总和的生态作用。各个生态单因子之间不是孤立的，而是相互联系、相互促进、相互制约的。环境中任何一个单因子的变化，必将引起其他生态因子不同程度的变化。例如，阳光充足，温度就随着上升；温度升高后，土壤水分的蒸发和作物蒸腾就会增加。等茎叶生长繁茂遮盖土壤后，降低土壤水分蒸发，增加地表空气湿度，降低地表温度，从而影响土壤微生物的活动。

（2）主导因子的作用。农业生物环境中的生态因子，都是农业生物直接或间接所必需的，但在一定条件下，其中必有一个或两个起主要作用的，这种起主要作用的因子称为主导因子。

主导因子包括两个方面的意义：①从生态因子本身来说，当总和的因子中，其中某一个生态因子发生变化，可引起全部生态因子关系的变化，这个能对环境起主导作用。例如，塑料大棚蔬菜春季早熟栽培，棚内温度是主导因子。②环境中某一个生态因子的存在与否或数量的变化，能使农业生物的生长发育发生明显的变化，这类生态因子也称为主导因子。例如，春化阶段的低温，光周期的日照长度。又如外界温度条件是家畜生产力能否得到充分发挥的主导因子，温度过高或过低，都会使生产力下降、成本提高，甚至可使畜禽的健康和生命受到影响。

（3）生态因子间的不可替代和可调剂性。农业生物在生长发育过程中，所需要的生态因子——光、热、水、空气、营养素等，对农业生物的作用虽不相等，但都是不可或缺的，任何一个生态因子都不能由另一个生态因子代替。但是在一定条件下，某一个生态因子在量上的不足，可以由其他生态因子的增强而得到调剂，从而获得相似的生态效应。例如，温室栽培中增大二氧化碳浓度，可以补偿由于光照减弱所引起的光合强度降低的效应。

（4）生态因子作用的阶段。在农业生物的一生中，并不需要固定不变的生态因子，而是随着生长发育的进展而变化，即农业生物对生态因子的需要是有阶段性的。例如，番茄种子发芽的适温为 $25 \sim 30 \, ℃$，幼苗期白天适温为 $20 \sim 25 \, ℃$，结果期白天的适温为 $25 \sim 28 \, ℃$。

（5）生物耐受性。一种农业生物体要在某个环境中生存和繁荣，必须得到生长和繁殖所需要的各种生态因子，对这些生态因子的需要量，依农业生物的种类和生活状况而异。在"稳定状态"的情况下，当某种生态因子的可利用量接近所需要的临界最小量时，这种生态因子将成为一个限制因子。例如，作物的产量并非经常受到大量需要的营养物质如碳、氢、氧、氮、钙、镁等元素的限制，因为它们在自然环境中比较丰富，而往往受到一些微量元素如硼、钴、锌等元素的限制，它们的需要量虽少，但因在土壤中含量很少，所以常成为作物高产的限制因子。

二、生态系统

自然界的生物都有它特定的生存环境，都有各自要求的适宜环境条件。有生命的生物与无生命的环境彼此不可分割、相互联系、相互作用。在特定地段中的全部生物和无生命的环境相互作用的任何统一体，称为生态系统。在生态系统内部，通过生物的活动及其代谢作用实现物质的循环、能量的流动、积累与转化。

自然界总是在不断变化和发展，任何一个生态系统都遵循上述的变化规律，而形成相对的稳定状态。生态系统中生物群落与环境条件之间，经过漫长的历史时期，相互影响、相互制约，最终形成一个复杂的统一体。这时生态系统的能量流动和物质循环可较长时间地保持平衡状态，生产者、消费者和还原者之间构成的营养结构和典型的食物链关系，保持着一种动态平衡状态，这种平衡状态就叫作生态平衡。生态平衡主要是凭借生态系统的结构与功能之间的最优化的协调而实现的。生态系统具有一种内部的自动调节能力，以保持自己的稳定性，这种调节能力有赖于生态系统组成成分的多样性和能量流动以及物质循环的复杂性。一般在成分多样、能量流动和物质循环途径复杂的生态系统中，较易保持稳定。因为系统的一部分发生机能障碍，可以被不同部分的调节所抵消；相反，系统的成分越简单，其调节能力也越小，对剧烈的环境变化是比较脆弱的。但是，复杂的生态系统，其内在调节能力也是有限度的，超出这个限度，调节就不会再起作用，从而使系统受到改变、伤害，以致破坏。

三、湿度

水是作物生存的极其重要的环境因子，作物只有在一定的细胞含水量的状态下，才能进行正常的生命活动。否则作物的正常生命活动就会受阻，甚至停顿。所以说，没有水就没有生命。

（一）水分对生命的重要性

1. 原生质的反应

生命的实质是原生质的生物化学、酶学控制的反应。在各个代谢途径中的反应成分都是在水溶液中，也就是反应成分被水分子包围时才容易发生化学反应。此外，水分子本身也是代谢过程的反应物质，参与光合、呼吸、脂肪裂解等过程的化学反应。

2. 原生质的结构

细胞原生质的大分子，包括催化代谢反应的蛋白质酶，含有"生命信息"的核酸等，通过与水分子结合形成一种独特的结构。这种结构的特征之一是使原生质呈溶胶状态，保证了旺盛的代谢作用正常进行，是生命所依存的原生质骨架。此外因水不可压缩，因此，它实际上对作物提供了一种非常完全的支持结构。

3. 运输系统

水分是作物对物质吸收和运输的溶剂，在作物体内许多物质的移动，是通过水所饱和的细胞膜和细胞壁的扩散而发生的，或者是通过韧皮部和木质部分子，以及通过其他组织的汁液的集体流动而转移的。

4. 热稳定作用

水有极高的比热、溶解热与蒸发热，使得作物温度趋向于稳定。高的比热首先提供一种重要的缓冲能力，使得在吸收大量的热时，温度只有相当小的变化。而且当作物从周围环境以辐射能的形式吸收热时，这些热的一部分依靠从作物表面蒸发水分的方式还给周围环境。

由于水分在作物生命活动中起着如此重要的作用，所以说，水是作物生存的重要环境因子，无论是单个细胞或在整个有机体内，都需要有一个调节适度的水分平衡。

（二）湿度条件

1. 空气湿度条件

在一定程度上，设施园艺是一个与外界隔绝的密闭环境，所以湿度高于露地，设施内相对湿度一般在70%以上，夜间可达100%。设施内空气湿度的日变化受气象条件、加温及通风换气的影响。阴天或灌水后，设施内空气湿度昼夜几乎都在90%以上。晴天白天通风时，水分移动主要途径是土壤—作物—设施内空气—设施外空气，设施内空气饱和差可达1 300～2 600Pa，作物容易发生暂时性缺水。晴天傍晚关窗后至次日清晨开窗前维持高湿度，外界气温低，湿空气遇冷凝结成水滴，附着在薄膜或玻璃的内面上，从屋面或保湿幕落下的水滴使作物沾湿。外界气温低也可引起设施内空气骤冷而发生"雾"，设施内蓄积作物蒸腾的水蒸气，致使空气饱和差降至130～650Pa。待到日出后或加温，设施内温度上升，湿度逐渐下降，附着在屋面的水滴也随之消失。设施内相对湿度日变化较大，其变幅可达20%～40%。与气温变化呈相反趋势。

设施园艺结构不同，空气湿度状况也不相同。如密封性好的大棚内没有加温设备时处于高湿状态，特别是在夜间湿度往往在95%以上。玻璃温室因密封不严，往往通过缝隙进行水蒸气交换，同时室内有加温设备，所以室内湿度偏低。

2. 土壤湿度条件

设施园艺内土壤水分的变化主要决定于作物的蒸腾和土壤直接蒸发，其量随着太阳辐射能的增加而呈直线关系。进入设施内的太阳辐射能约55%，用于作物的蒸腾所消耗的汽化潜热。

中、小棚覆盖下，作物蒸腾和土壤蒸发的水分，在塑料膜内里面凝结成水滴，不断地顺着薄膜流向棚的两侧，使棚内两侧的土壤较中部的土壤湿润。温室、大棚的宽度较大，所以中部干燥部分更大一些。设施园艺与陆地相比，由于设施内相对湿度高，蒸散量小，灌水多，所以土壤湿度比陆地大。此外，因施肥量多，无雨水冲刷，土壤中盐类易在土表集积，使土壤溶液浓度提高，对作物根系吸水不利。

（三）设施园艺湿度的调节与控制

设施园艺内湿度过高是引起病害发生的原因。从环境调控观点来说，除湿的主要目的是防止作物沾湿和降低空气湿度，以抑制作物病害。除湿方法有被动除湿法和主动除湿法。

1. 被动除湿法

被动除湿法是利用水蒸气或雾自然流动，使设施内保持适宜的湿度环境。

（1）覆盖地膜。设施内覆盖地膜能抑制土壤表面蒸发，可有效降低设施内湿度。例如，大棚内地膜覆盖前，夜间湿度高达95%～100%，而覆盖后夜间湿度为75%～80%．

（2）适当抑制灌水量。采用滴灌或地中灌溉既节约用水又可适当抑制土壤表面蒸发和作物蒸腾、提高地温。应根据作物种类、发育阶段及需水时间的不同进行适量灌溉。

（3）使用透湿性、吸湿性良好的保温幕材料，防止在保温幕内面结露致使作物沾湿，或使覆盖材料内面的露水排出室外，降低设施内绝对湿度。

2. 主动除湿法

（1）通风换气。适当加强通风换气，可有效地调节设施内湿度，夜间通风可使设施内空气相对湿度由90%左右降至80%以下。降低的程度与设施内外的绝对湿度差和换气次数成正比。

（2）加温。加温一般可降低设施内相对湿度，可有效地防止一些喜高温环境的病害发生和蔓延。

（3）使用除湿机。国外在种植花卉和甜瓜等经济价值高的作物温室内，利用氧化钾等吸湿材料，通过吸湿机消除室内湿度效果明显，但投资较大。

（四）土壤湿度的调控

从设施园艺小气候的观点看，灌水的实质是满足作物对水、气、热条件的要求，调节三者的矛盾，促进作物生长。因为水的热容量比土壤大2倍，比空气大3 000倍左右，所以灌水不仅可以调节土壤湿度，也可以改变土壤的热容量和保热性能。灌水后土壤色泽变暗、温度降低，可增加净辐射收入，又因水蒸气潜热高，因而太阳辐射能用于乱流交换的能量就大大减少，致使白天灌水后地温、气温都降低，晚上灌水后地温、气温偏高。所以说，在设施园艺环境中，土壤湿度的调控是重要的环节之一。

四、光照

（一）设施园艺光环境的特点

任何形式的温室、塑料大棚等设施园艺内的光环境与露地比较，均有以下三个特点。

1. 光量减少

即使是特殊构造的温室，如无梁温室与露地比较，也无法避免光量的减少，一般温室内由于覆盖材料及构造物的遮光，比露地光量减少15%～50%。

2. 光量分布不均匀

无论任何形式的设施园艺，其内部不同位置的光量不同，地面上光量分布不均。

3. 光之变化

不同波长的光量在设施内外也有差异。

（二）设施园艺的透过率

设施内天然采光是以太阳辐射为光源，由于太阳辐射变化较大，设施内光照度也随之变化较大。例如，中午当设施外光照度为50klx时，设施内地面光照度为30klx，15～16时设施外光照度降到20klx时，设施内光照度仅有12klx左右。由此可见，如采用光照度绝对值作为设施内光照度指标是有一定困难的，因而采用光照度的相对值——透过率作为设施内光量的评价指标。

（三）光环境的调节

作物光合作用是一个光生物化学反应，在一定范围内，光合速率随着光照度的增加而加速。作物在光补偿点时，有机物的形成和消耗相等，不能积累干物质，而夜间还要消耗干物质。因此，从全天看作物所需的最低光照度，必须高于光补偿点，作物才能正常生长发育。

自然光随着时间与季节不同，光照度差异很大，夏季光照度强，日照时数长，积累照度多；冬季光照度弱，日照时数短，积累照度少，一般可差3倍左右。设施园艺内光照度的调节，除改进设施的结构和管理技术外，主要是靠人工补光与遮光。

五、温度

作物本身是一个变温的有机体，其温度的变化趋向于它们所处的温度环境。因此，作物的生长、发育和产量均受温度的影响，特别是极端的高温和低温对作物影响更大。温度对作物的重要性在于必须在一定的温度条件下，作物才能进行体内省力活动及体内生化反应。温度升高，则生理生化反应加快，作物生长发育加速；温度降低，则生理生化反应变慢，作物生长发育迟缓。当温度低于或高于作物所能忍受的温度范围时，生长逐渐减慢，发育受阻或停止，作物体受害，甚至死亡。此外，温度的变化，可引起综合环境中其他因子（如湿度）的变化，而环境因子总和体的变化，又影响作物的生长、发育和产量。

（一）设施园艺内温度的分布

设施园艺内温度的空间分布变化较复杂。在保温条件下，垂直方向和水平方向的温度分布都不均匀。一般说来，设施园艺面积越小，不仅边缘地带比较大，而且温度的水平分布也越不均匀。外界气温越低，或是室内热源温度高而维持较大的内外温差时，则室内水平温差也较大。设施园艺内温度分布不均匀的原因如下。

1. 太阳入射量的影响

设施内接收直射光的部位，随太阳高度角的变化而不同，同时由于屋面结构、倾斜角度、方位等不同，在同一时间内接受的太阳辐射量也有很大差异。

2. 设施园艺内空气环流的影响

在一个不加温又不通风的设施园艺内，近地面土壤层空气增热而产生上升气流，但靠近透明覆盖材料下部的空气，由于受外界地温的影响而较冷，因此气流沿着透明覆盖材料，分别向两侧下沉，此下沉气流在地表水平移动。形成两个对流圈，将热空气滞留在上部，往往沿侧墙的地面形成低温带。垂直方向的温差可达4~6℃以上，室内外温差越大，设施内温度分布越不均匀。

无论温室的方位如何，当风吹到温室上方时，因为在屋顶部分迎风一侧形成负压，向外抽吸空气，被风一侧形成正压，向室内压向空气，使室内近地面形成与风向相反的小环流，被加热的空气沿地面流向迎风一侧，因此在温室内部迎风一侧形成高温区，在背风一侧形成低温区。所以在温室设计时，加温温室在盛行风向的背风一侧多配置散热管道。

3. 设施园艺节后的影响

双屋面温室比单屋面温室温度分布均匀，这显然是由于双屋面受热面与散热面都较均匀。

（二）设施园艺温度的调节控制

温度对作物的生长发育、产量、品质影响极大，尤其设施栽培是在露地不适宜栽培作物期间，在设施内以保温、加温或冷却等人工方法，创造出作物适宜的温度环境中进行生产，故设施内温度调节控制是很重要的一环。温度管理的目的是维持作物生长发育过程的动态室温，以及温度的空间分布均匀，时间变化平缓。

1. 保温

不加温的设施园艺夜间热量源是土壤蓄热。夜间设施内土壤蓄热量的大小，决定于白天射入设施内的太阳辐射能、土壤吸热量和土壤面积。

设施园艺内热量的散失有三种途径，即透过覆盖材料的投射传热、通过缝隙的换气传热与土壤热交换的地中传热，其中投射传热量占总散射量的70%~80%，换气传热占10%~20%，地中传热占10%以下，主要热损失是通过设施的结构和覆盖物散失到外界去。

2. 降温

随着温室的周年利用，夏季降温是一个需要解决的问题。

实现温室内夏季降温，技术耗费是较大的。为维持温室内气温、地温在作物生长发育适温范围内，需将流入温室内的热量强制排除，以达到降温的目的。温室降温方法依其利用的物理条件可分为以下几类。

（1）加湿降温法。采用室内喷雾、喷水或设置蒸发器（湿墙、湿帘），通过扩大水分蒸发"消除"太阳辐射热能。

（2）遮光法。在屋顶以一定间隔设置遮光被覆物，可减少太阳净辐射约50%，室内平均温度约降2℃。

（3）通风换气法。利用换气扇等人工方法进行强制换气。

3. 加温

我国北方地区，自深秋至春季，为使设施园艺内气温、地温保持在作物生长发育的适温范围内，必须进行补充加温。温室加温方式依加温所用的热媒体不同可分为热风加温、热水加温、蒸汽加温及电热加温等方式。本书主要研究热风加温技术。

第二节　日光温室建造技术

学术上从不同的角度出发，对温室有各种分类方法，但生产中通用的温室分类还是按照其使用性能来区分，同种类型中不同的变型按覆盖材料的不同来区分。目前国内常用的温室类型主要有塑料大棚（含中小拱棚）、日光温室和连栋温室。本章重点介绍目前在我国北方应用比较普遍的节能型日光温室建造技术。

塑料大棚，是指以塑料薄膜作为透光覆盖材料的单栋拱棚，一般跨度在6～12m，脊高2.4～3.5m，长度在30～100m。它主要在我国南方地区使用，功能是冬季保温，夏季遮阳、防雨；在北方地区使用的主要是起春提早、秋延后作用，一般比露地生产可提早或延后一个月左右。由于其保温性能较差，在北方地区一般不用它做越冬生产。

日光温室，是我国科技工作者在一面坡温室的基础上不断完善提高开发出来的一种具有中国特色的温室型式。它是以太阳能为主要能源，夜间采用活动保温被在前屋面保温进行越冬生产的单屋面塑料薄膜温室。该类温室的东、西、北三面墙体和后屋面采用高保温建造材料，在我国北方地区使用，正常条件下不用人工加温可保持室内外温差达20～30℃以上。此类温室现已推广到北纬30°～45°地区，是北方地区越冬生产园艺产品的主要温室型式。温室跨度一般为6～10m，脊高2.6～3.5m，长度多在60～80m。

连栋温室，是将多个单跨的温室通过天沟连接起来的大面积生产温室。它克服了单跨温室表面积大，冬季加温负荷高；操作空间小，室内光温环境变化大；占地面积大，土地利用率低等缺点，能够完全实现温室生产的自动化和智能化控制，是当今世界和我国发展现代化设施农业的趋势和潮流。连栋温室根据结构型式和覆盖材料不同，分为连栋玻璃温室、连栋塑料温室和聚碳酸酯板温室（PC 板温室）。其中连栋塑料温室又根据覆盖塑料薄膜的层数分为单层塑料薄膜温室和双层充气温室。PC 板温室也根据聚碳酸酯板材料的不同，分为 PC 中空板温室和 PC 浪板温室。温室的屋面型式有拱圆形、锯齿形和人字形等。一般柔性透光覆盖材料（如塑料薄膜）常采用圆弧形屋面，而刚性透光覆盖材料（如玻璃和 PC 板）则采用平直屋面，并主要为人字形屋面。连栋温室的跨度一般在 6～12m，温室开间在 3～5m，根据温室的跨度和开间模数，温室的面积可建设在几百平方米到十几万平方米，但考虑到温室的降温和室内操作运输，国内一座连栋温室的面积多在 10 000m^2 以下，其中以 3 000～5 000m^2 者居多。连栋温室一般都配备有比较完备的环境调控设施，可进行周年生产，适合于全国不同地区建造。

一、日光温室设计

（一）基本资料收集

1. 收集当地的气候资源信息

纬度，经度（时差），极限气温（最低温、连阴天数），冻土层深，降水量，降雪量，平均日照时数等。

2. 参数估算

根据当地的气候信息，结合本地温室发展状况，估算出适合本地温室的长度、跨度、方位角、脊高等参数。

3. 设计参数修正估算值

对日光温室结构参数进行设计，修正前期对温室基本参数的估算值。

4. 列出施工计划表

对施工程序进行周密的安排，估算出人数与工期。

5. 作出预算方案

对工程的材料购置、加工、安装及有关涉及的费用做一预算方案。

（二）温室分类

温室设计的核心参数是太阳高度角，太阳高度角随季节不同而有规律的变化。日光温室按使用季节将温室分为三类：早春晚秋型；越冬型；周年生产型。在设计温室时，要明确温室使用的季节，将其定型，然后由后面讲述到的公式算出该季节的正午最低太阳高度角，由这个角度逐步确定出温室的结构参数。

（三）日光温室基本参数的设计

1. 温室方位角

日光温室的方位角是影响温室获取太阳能的关键因素，在一天中应尽可能延长日光温室采光高峰期，理论上来讲温室方位角正南最理想。

温室的方位是指温室屋脊的走向。日光温室建造原则上采用坐北朝南东西延长的方位，使采光面朝向正南，以充分接受日光照射。新疆地域辽阔，各地气候差异较大，温室的方位不能按一个同一的参数定位。在生产实践中，各地都有一定的温室方位偏角。新疆日光温室发展较内地晚，温室方位角往往都是借鉴内地的建造经验，这样往往会存在同一地区有着不同的温室方位，笔者在塔城地区做过调查。

2001 年：引进山东技术，温室方位角是南偏东 5°。

2003 年：本地人自己建造，温室方位角是南偏西 4°。

2006 年：由甘肃专家指导，温室方位角是南偏西 12°。

那么不同的方位对大棚作物生长有什么影响呢？我们经过研究计算得出以下结论。

（1）正南正北。当温室正南正北建造时，太阳光与温室东西延长线垂直，透入室内的太阳光最多，强度最大，温度上升也最快，对作物的光合作用最有利。

（2）温室偏东。作物上午的光合作用强度较高，如果温室偏东，可使作物较早地进行光合作用。

（3）温室偏西。温室偏西，有利于延长午后的光照蓄热时间，为夜间储备更多的热量。

以上只是单一的客观因素，很多人在建造温室时往往忽略了众多的外界气候因素。

北疆地区冬季早晨比较寒冷，提早揭开草毡，会使温室室内温度下降较快，棚膜结冰影响光照，因此温室方位应正南偏西，以充分利用下午的阳光延长午后的光照蓄热时间，为夜间储备更多的热量；在南疆冬季气候较为温和且晨雾不多的地区，温室方位可以为正南或略微偏东，以充分利用上午的阳光。因为上午的光质比午后的好，更有利于作物的光合作用。

从地理经纬上讲，温室每向东（或向西）偏 1°，早（或晚）见到太阳光 4 分钟。但是不论偏东还是偏西，偏角均不宜超过 10°。我们这里所说的是正南正北，不是磁南、磁北。各地有不同的磁偏角，确定方位角时必须进行矫正。

2. 日光温室长度确定

首先按当地设施农业总体规划方案和具体的地块情况，以最大限度地利用土地资源为原则，确定日光温室的长度。

日光温室的长度一般以 60～80m 为最佳，超过 80m 时在中间加隔墙隔断。设计时应考虑温室屋面纵向联系构件材料热胀冷缩的不利影响；如果前屋面保温采用联动卷被时，温室长度的确定不能超过卷帘机的工作长度。

3. 日光温室跨度的设定

依据国家标准和当地气象条件按表 1-1 来确定。

表 1-1　日光温室跨度的设定

北纬	≥45°	41°～45°	38°～41°	35°～38°	≤35°
跨度（m）	≤6	6～7	7～8	8	≥8.5

4. 日光温室前屋面夹角

日光温室内光照强度与太阳的位置和前屋面的角度有着重要的关系。太阳高度是用太阳的直射光线与地平面交成的角度表示。

5. 日光温室采光屋面角（图 1-1）

日光温室前屋面由若干个切线角组成，按 1m 一个切线角，则北纬 40° 以北地区，前底角为 60°～70°，1m 处为 40°～45°，2m 处 30°～35°，最上部在 15° 左右。前屋面的形状以采用自前底脚向后至采光面的 2/3 处为圆拱形坡面，后部 1/3 部分采用抛物线形屋面为宜，为了便于加工制作，常常把后部 1/3 部分采用直线段，研究证明直线段比抛物线形屋面采光差值不超过 5%。

6. 日光温室脊位比（图 1-2）

前坡水平投影与净跨度的比值（即 L1／L）称为脊位比。对于周年生产的温室，脊位比宜选 0.8；对于主要用于冬季生产的温室，脊位比可选 0.78～0.79，即适当加长后坡以利于保温，低纬度及气候较暖的地区，也可适当加大脊位比，但应避免因为前坡较长而显著增加散热损失。

7. 后屋面仰角 B

后屋面角度以大于当地"冬至"正午时刻太阳高度角 5°～8° 为宜，在实际生产

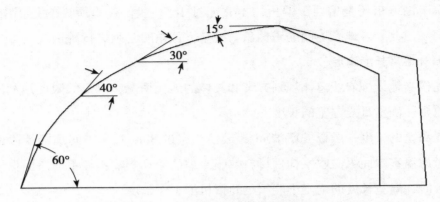

图 1-1 日光温室采光屋面角示意图

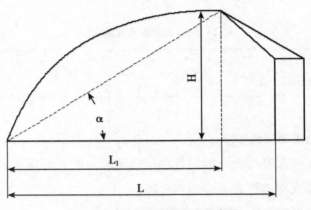

图 1-2 日光温室脊位比示意图

中，由于草帘卷起时交错排放，一前一后，前面的一排在屋脊的南边，影响了温室的采光，5°～8°的角度略显不够，应将这个角度加大至15°为宜。

8. 后屋面长度

日光温室后屋面的长度是决定温室保温性能的关键参数，新疆很多温室都采取了短后坡的方法建造日光温室是极端错误的。根据我国北方日光温室的设计特点，温室后屋面应在2.2～2.8m为宜。

9. 温室高度（图1-3）

跨度相等的温室，降低高度会减小温室透明屋面角度和比表面积以及温室空间，不利于作物采光和生育；据计算：在温室跨度为6m，温室高度为2.4～3.0m，高度每降低10cm，其透明屋面角度大体降低1°。这样，2.4m高温室与3.0m高温室相比，其太阳辐射能减少7%～9%，但如果温室过高，不仅会增加温室建造成本，而且会影响温室保温。跨度和脊位比确定之后，温室高度的选择主要考虑前坡参考角，推荐温室高度应在 3.3～3.8m。

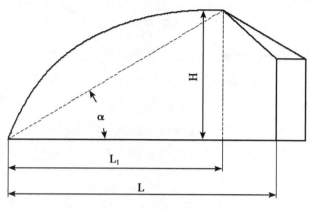

图 1-3　日光温室高度示意图

10. 后墙高度

当以上几个方面的参数确定之后，后墙的高度基本已被确定，为了满足温室的保温蓄热和生产操作要求，建议后墙高度应在 2m 以上。

11. 温室间距

日光温室间距原则上应保证后栋日光温室作物冬至日光照时间不少于 4 小时，合理的间距一般为温室脊高的 2～2.5 倍。

二、日光温室施工安装

建设施工是在正确理解设计图和说明书的基础上，应对现场和周围环境进行充分的调查，通过调查围绕各种工程作业的具体手段和方法制订周密的计划。这个计划直接关系到施工质量，要认真检查，以便作出符合实际的计划。

1. 温室建造场地

温室场地应阳光充足，避免遮阴；避开风口；土质疏松肥活，地下水位低；避开土地污染地带；交通比较便利；水、电条件可以满足。

2. 温室建造时间

应晚中求早，以早为好。因为修建过晚墙体不易干透，扣膜后室内湿度大，土打墙还会因冻融剥离而受到损伤。而且，晚建的温室由于土壤蓄积热散发过多，扣膜后 1 个月左右才可恢复正常温度。所以建棚一定在大地封冻前 10～15 天完成。应在秋收后及早备料施工为宜。

3. 建造模式

北疆地区冬季下雪量大，天气寒冷，冻土层深，土壤的热传导使得大棚内地温较低，建棚时如果采用半地下式结构，温室内栽培畦不应低于地平面50cm。

4. 墙体（图1-4）

日光温室墙体对温室的承重、保温起着至关重要的作用，也是温室后屋面建造成功与否的关键因素。建造墙体时顶部须建女儿墙，女儿墙的作用是：可以加厚后屋面下端的厚度，使整个后屋面呈三角形状，消除缝隙散热、减缓后坡的坡度，便于操作人员行走。墙体的厚度及组成材料是影响保温性能的重要参数，常用的墙体有干打垒土墙和异质复合墙体，异质复合墙体一般的组合是，砖+苯板（珍珠岩或炉渣）+砖。

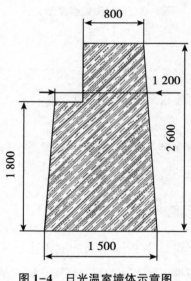

图1-4　日光温室墙体示意图

（1）土打墙。墙基要求用三合土夯实50cm，有条件的也可用砖石砌成。打墙的土必须粉细，干湿均匀，墙体夯实程度一致，无明显接缝，保证强度，山墙和后墙衔接处采用后墙顶山墙的方式，以增加山墙对铁丝的抗拉力。打墙时，墙内外留30～50cm空地不可取土，保护墙体，不能取室内表层30cm以内熟土，以免影响以后的种植。

（2）复合式墙体。有条件的地区可建造异质复合墙体：内侧、外侧均为砖墙，中间留30cm空隙用于填加苯板（珍珠岩或炉渣），或墙体外挂保温性能好的理的板。异质复合墙坚固耐用，不怕雨淋，保温性能好。

单一材料墙体厚度再大，热阻的增加是有限的，而采用多层异质复合墙体，不仅显著增加了热阻，也有效地减小了墙体厚度，从而也减少基础宽度，节省了材料。例如，当墙体各由轻、重两种材料组成，每层材料的种类及厚度均相同，只是排列顺序不同（重质的在内侧或轻质的在外侧），尽管这两种墙体的热阻和热惰性指标均相同，但其热工性能却是不同的。分析表明，当蓄热系数大的材料层（即重质材料层）设置在内侧时，围护结构内表面对于室外空气温度波和室内空气温度波传热衰减倍数和吸热衰减倍数均较大。就日光温室墙体而言，最好由三层材料组成，两侧为重质材料，中间为导热系数小的轻质材料。在冬季的白天，当阳光照射到北墙时，由于重质内层墙的蓄热系数大，能在白天蓄存较多的热量，而当夜间室温较低时，北墙又能向室内放出较多的热量使室温不致降得太快，外层的重质墙既要有一定的蓄热能力，又要有一定的保温能力，而中间的轻质隔热层则有效地减少了内部热量向外传递及外部冷量向室内传递。

5. 骨架安装

当温室的后屋面建造好后就可以安装温室的骨架了，在安装温室骨架时要先找出温室建造时的正负零点，确保温室前底脚，相对正负零点都在同一标高上，如果不在同一标高，误差达到 5cm 以上时，须调整，调好后，按照图纸要求将拱架安装在相应的位置上。如无特殊要求，一般是先固定拱架后支座，再固定前支座，固定前支座时要确保拱架前底脚都在同一端面上（东西方向）。拱架前后支座固定好后即可安装横拉筋，一般安装三道横拉筋即可，焊接横拉筋时，要兼顾温室端面（南北）在一平面内。

6. 后屋面建造

后坡可采用能保温蓄热的轻型材料和水泥砂浆造面的形式或采用竹木结构，铺盖防雨材料、玉米秸、麦草和草泥造面的方式。后屋面的建造质量是保证日光温室整体性能的关键，一般后屋面的建造成本应占到整个日光温室建造成本的1/3以上。

7. 棚膜安装

上膜要在无风的晴天中午进行，此时棚膜易伸展，整个温室膜面光滑，但不能太热，否则在温度下降时棚膜收缩易撕裂，一般扣棚时气温温度超过 30℃时，棚膜不宜绷得太紧。

上膜前应分清膜面正反，薄膜上一般都会注明"此面朝上"或"此面朝下"，先按照指示将薄膜铺展在温室上。前沿留 30～50cm 埋土，顶部留 100～120cm 的风口位置，棚膜分两部分，即前屋面主采光膜和风口膜。幅宽不足时则需黏合，黏合前须分清膜面正反。粘接要均匀，接缝要牢固而平展。粘接方法多采用电熨斗、电烙铁等加温烙合，还可以采用剂粘法等。

棚膜宜选用三防膜，EVA 乙烯–醋酸乙烯，PVC 聚氯乙烯，PE 乙烯。

8. 防寒沟

防寒沟设在温室南侧外前沿，挖一条宽 30cm、深 60cm、略长于温室长度的沟，沟的内壁铺塑料膜，在沟中填充马粪、稻壳、麦糠或碎秸秆等，踩实后再封膜盖土，盖土厚 15cm 以上。一个月以后防寒沟略有下沉，此次再盖土压实，高度略高于周围地面，防寒沟一定要压实做牢，否则待到冬季雨雪浸泡下沉，会起到负面的作用。有条件地区可在防寒沟中添加苯板避免因秸秆下沉而带来的负面作用。

第二章　卷帘机与保温被

第一节　卷帘机及其安装技术

卷帘机（图2-1），又名大棚卷帘机，是用于温室大棚草帘以及棉被自动卷放的农业机械设备，根据安放位置分为地爬式滚杠卷帘机和后拉式的上卷帘，和动力源分为电动和手动，常用的是电动和手动相结合的卷帘机，并带有遥控装置，有效避免了违规操作而产生的对人身的伤害及停电对温室大棚温度的影响。机械原理是利用减速机将电动机转速降低，增加扭矩，常见减速机为齿轮减速，以及谐波减速。齿轮减速机构比较庞大笨重，功率消耗大，而谐波减速机构小巧，功耗低，可靠性高。一般使用220V或380V交流电源。卷帘机的出现极大地推动了温室大棚业的机械化发展，同时减少了农户的劳动负担。可配保温被、保温毡使用。它比人工卷（铺）帘提高相对工效10倍以上。

图2-1　卷帘机

目前卷帘机主要有以下三种类型。

（1）顶置卷绳式。将电机安置在后屋面顶部上端的中央，电机输出轴通过法兰盘连接在卷轴上，将绳索一端固定在卷轴上，另一端固定在卷帘上，电机运转时犹如人站在棚顶收放草帘，此结构运转平稳，对大棚强度无特殊要求，一般大棚都适用。

（2）前置卷轴式。此种结构是将卷帘缠绕在卷轴上，通过电机运转来收放卷帘，前置卷轴式对大棚骨架产生的压力较大，只适用于强度较高的骨架结构。

（3）侧置卷轴伸缩杆式。电机在山墙一端固定在伸缩杆上，伸缩杆另一端铰接于支座，支座固定在山墙下端，电机的输出轴通过法兰连接在卷轴上，卷帘缠绕于卷轴。此种结构简单，安装方便，但使用条件受限，适用于全钢骨架温室，要求卷帘重量轻，每平方米不超过 1.5kg，温室长度不超过 60m。

一、卷帘机的组成

卷帘机的组成见图 2-2。

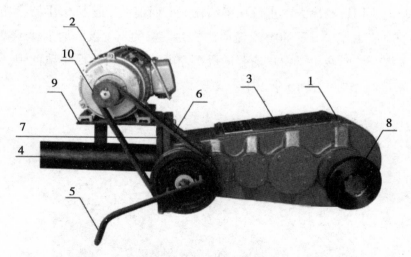

1-外壳；2-电机；3-加油孔；4-顶杆；5-摇把（调试主机用）；6-三角带；7-主机连接板；
8-输出法兰；9-电机连接板；10-电机皮带轮

图 2-2　卷帘机的组成

卷帘机由外壳、电机、加油孔、顶杆、摇把（调试主机用）、三角带、主机连接板、输出法兰、电机连接板、电机皮带轮 10 个部分组成。

二、工作过程

在温室塑料薄膜上铺放着搭接相同的保温被。保温被靠温室后墙端固定在后坡处，靠地面的一端互相绑扎固定在卷轴上。操作者摇动（电动机带动）减速机带动卷轴旋转时，将在卷轴上的保温被一圈圈缠起，从而拉动卷轴上升并逐渐将保温被卷起，直到预定部位由止动机构锁定或关闭电源，这样便完成了卷帘过程。铺放时，将卷轴向反方向旋转，使保温被靠自重的作用沿斜坡下滚，直到地面完成放帘。图 2-3 是工作中的卷帘机。

图 2-3　工作中的卷帘机

三、大棚卷帘机的维护保养

大棚卷帘机的维护保养需注意以下几点。

（1）首次使用前，按卷帘机使用说明书要求往卷帘机机体内加注润滑油。主机的传动部分（如减速机、传动轴承等），要每年添加一次润滑油。

（2）在使用过程中要经常对保温被进行调整，使卷起的保温被处在一条直线上。

（3）要经常检查各个传动部位的运转情况，如影响使用应及时更换。

（4）要经常检查各紧固件的松紧情况，发现松动要及时拧紧。

（5）卷帘机使用结束后，应置于干燥通风处存放，每年对部件涂一遍防锈漆。

四、卷帘机的安装

（一）放绳（如是草帘）

确定已附好塑料薄膜的温室的中心位置，以两支承梁中间为宜，沿中心位置将拉绳（下称中心绳）一端固定在通风口上方 0.5m 处，并将中心绳由上至下沿棚面放至地面。由中心绳向两边按间隔 1.5m 或 3m 等距离绳（放绳方法同上），各绳之间保持平行。

（二）立杆和顶杆的安装

在大棚中心前端 1.5~2m 的地面上挖一长约 0.5m（与大棚长度方向平行）、宽约 0.4m、深约 1 米的土坑，将地桩埋入此坑内并打紧压实（地面上只留铰合接头），然后将顶杆和立杆用销轴连接好。若土质疏松可将地桩适量加粗加长。立杆通过销轴一端与地桩铰接，另一端与顶杆铰接，顶杆另一端通过六角螺丝、平垫圈、弹簧垫圈与卷帘主机连接。

（三）卷被机的安装

将卷被机放置在大棚中心处下方的地面上（须与地桩相对应），以卷被机中心沿温室长度方向向两侧安装相应规格的连接卷杆（如无特殊要求，建议 60m 以下的温室用 2 寸高频焊管壁厚 3.5；60m 以上的温室除两端各 30m 用 2 寸管外，主机两侧用直径 2.5 寸的高频焊管），厚壁一端通过法兰用螺栓连接。在卷被机输出轴连接盘上，另一端与其他卷杆依次连接。

（四）放置保温被

在中心绳上面从上到下对称放置一保温被，并以此向温室两边逐步放置到地面，相互之间有 0.2m 左右的搭茬，以便保温。保温被全部放好后，将保温被整理整齐，然后在卷杆上绕一圈，并用卡毂固定在卷杆上，（如是草帘，钉齿穿过草帘，然后用 16 号镀锌铁丝以 30cm 的间距将草帘捆扎在卷轴上，捆扎后的卷杆应呈水平线状）。

（五）连接倒顺开关及电源

（六）试机

如果卷起的保温被产生弯曲，可在卷慢处垫以适量软物以调节卷速，直至卷杆水平。

（七）卷被机安装参数确定

1. 卷被机置于两山墙外侧（图2-4）

设温室跨度为L，取L中点A挖坑为地脚管件预埋处，AC为A点与前屋面弧线连线最短距离，AB为A点与前屋面弧线连线最长距离。则连接电机的钢管Φ60mm×5mm（壁厚）的长度=AC的长度-（30~40mm），伸缩管Φ50mm×5mm（壁厚）的长度=AB-连接管长+1.5m，1.5m为伸缩管水平伸入连接管部分的长度。

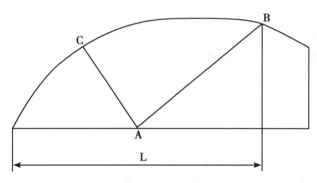

图2-4 卷帘机置于两山墙外侧

例：AC=3.2m，AB=4m，则连接管的长度=3.2-0.3=2.9m；伸缩管的长度=4-2.9+1.5=2.6m。

2. 卷被机置于中间（图2-5）

AB的距离为1.7~2m，若AC的长度为X，则BC的长度为（X-0.5）m；

而AC长度的确定是由经验值得来，若L为8m则AC的长度为7m，BC为6.5m。

当L每增加或减少1m时，AC的长度随之增加或减少0.5m。

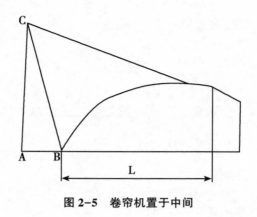

图 2-5 卷帘机置于中间

3. 电机负荷计算

用电功率计测量在卷帘状态下的平均输入功率，按下式计算负荷程度。测量 3 次，结果取平均值。

$$\eta_f = \frac{N_f}{N_e} \times \eta \times 100$$

式中：

η_f ——负荷程度，%；

N_f ——电机平均输入功率，单位为千瓦（kW）；

N_e ——电机额功率，单位为千瓦（kW）；

η ——电机效率，%。

（八）注意事项

（1）首次使用前先往机体内注入齿轮油或机油 3～6kg（视产品型号而定）。

（2）定位底座需牢固。

（3）立杆和顶杆需在同一平面上，并与卷轴垂直。

（4）使用前须清除保温被上凸起的泥巴及沙袋等异物。

（5）使用前和使用期间，刹车系统必须上油。

（6）向下放到底或向上卷至离温室顶 30cm 处时，必须停机，若停机不及时，卷被机将掉至后墙以外。

（7）阴雨雪天气候，应及时覆盖电动机及保温被等，以防受潮增大卷被机负荷造成扭杆或机件损坏。

（8）倒顺开关的安装位置为后墙或两山墙，操作时人员应站在后墙或两山墙上，切勿在棚前或支杆旁操作，以防卷被机失控造成人身伤亡事故。

（九）维护保养

（1）卷被机工作时，箱体内要有足够的润滑油，正常使用下应每年更换一次。

（2）如略有走偏，属正常现象，视具体情况自行调整。

（3）电动机及操纵按钮应注意防水，以防漏电。阴雨天气建议使用塑料薄膜将电动机包扎好。

（4）使用一定时间后，三角带因受力可能变长，要注意及时检查并调整三角带松紧。

（5）接通电源时防止缺一相电源，如果缺一相电源会烧坏电机（不保修）。

（6）使用中应注意观察各部件是否有异常，如有异常应及时停机并检修。

（7）使用结束后可将该机拆下，清除箱体外部灰尘、油污，并放尽润滑油。

（8）拆下后，应将该机存放于通风、干燥及清洁的地方。

第二节　卷帘机的刹车装置

卷帘机在温室中使用已经相当普遍了，疆内卷帘机的型号很多，JLL 型卷帘机有其独特的优点：①主机与电机分离，去除电机划底帘的弊病。②采用多头螺纹机械式自动刹车（不再需要外接电源），使刹车更加灵敏、耐用。③后连接体为一次铸造成型，去除了某些品牌存在的漏油现象。④采用八花键动力输出并高频淬火，使输出承载负荷最大化。JLL 型卷帘机凭借这些优点，在疆内设施农业卷帘中占到很大的比例，并受到广大种植户的青睐。

一、刹车机构相关零件

卷帘机刹车装置见图 2-6。

（1）主动轴（一轴）——该轴功能为上行时动力输入带动卷帘机内传动系统工作，下行时为刹车结构主动力来源，实现刹车功能。

（2）摩擦盘——与一轴固定连接，其作用为一轴正反向旋转的关键件。

（3）非金属摩擦片（2件）—— 利用两端面与摩擦盘端面产生的摩擦力带动一轴旋转，当与摩擦盘产生间隙时改变一轴旋转方向。

（4）棘轮——当机体上行或下行时该件为空转，当机体任意位置停止时，该件在摩擦片和棘爪的作用下，制止被切断电源的机体下行，即制动功能。

（5）棘爪——当机体停止时，对棘轮起阻止棘轮旋转作用。

（6）扭簧——使棘爪可靠地贴敷在棘轮的工作表面上。

（7）被动皮带轮。

（8）轴向定位挡片——当一轴反向旋转时（即机体下行时），被动皮带轮在一轴多头螺纹的作用下产生轴向移动，而此时在该挡片的限制下使其一轴反向旋转，机体下行。

（9）定位螺帽——对挡片起固定作用。

（10）开口销。

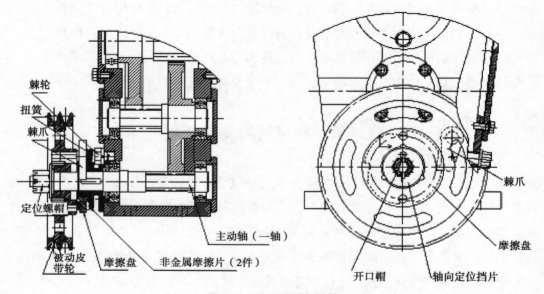

图 2-6　卷帘机刹车装置

二、上行工作原理

电机正转通过三角皮带带动被动皮带轮顺时针方向旋转，同时在被动皮带轮内多头螺纹和主动轴（一轴）多头外螺纹的作用下，使被动带轮右向移动对摩擦片施加轴向推力，使之棘轮（棘轮空套在摩擦盘上）两端摩擦片及摩擦盘形成一体的同时，摩擦盘顺时针旋转。摩擦盘与主动轴在键连接的作用下带动主动轴顺时针方向旋转，此时棘爪在弹簧的作用下紧紧贴敷棘轮外表工作面滑动，箱体内传动系统进入工作状态。

三、停止工作原理

当机体带动卷帘卷动并向上爬行至所需要位置时，电机断电并停止转动，此时由于机体停止在棚坡面上，机体在卷帘向下滚动力的作用下，使之箱体内传动系统受到向相反方向的传动（即被动变为主动），并且主动轴获得高速反向旋转，此时由于电机断电，被动皮带轮处于静止状态，在主动轴多头螺纹的作用下，被动皮带轮仍然获得向右轴向力（与爬行动力源不同），使之摩擦盘与棘轮在摩擦片的作用下仍然为一体，由于棘轮反向旋转，棘爪头部在弹簧的作用下瞬间顶到棘轮圆周的凹面上，使之主动轴停止转动，此时机体处于制动状态。

四、下行工作原理

电机反向旋转（逆时针方向）被动皮带轮在与主动轴多头螺纹的作用下，皮带轮逆时针方向旋转的同时，产生反向移动，此时摩擦片、棘轮、摩擦盘之间的轴向摩擦力释放，棘轮及摩擦片均空套在摩擦盘外圆上，停止工作。此时棘爪失去圆周力处在静止状态。而皮带轮在继续逆向旋转的同时，产生反向轴向力，使皮带轮在轴向定位挡片及定位螺帽的限制下，不能轴向移动，只能带动主动轴逆时针方向旋转，箱体内传动系统反向旋转，机体下行。（此运动中机体下行的高速旋转与电机转子同向，且高于电机的转数，该转速差在电机磁场的作用下，保持了电机拖动机体的状态，使之机体主动轴与电机同步旋转）行至地面后断电停止，卷帘机工作程序结束。

五、使用和制造注意的问题

（1）皮带轮与一端的定位挡片之间在安装时应保持 1.5～2.0mm 的间隙。

（2）扭簧应保持一定的强度，使棘爪与棘轮贴敷可靠，保证其刹车功能处于正常状态。

（3）非金属摩擦片应防止沾染油污而降低摩擦性能，摩擦片应定期检查更换以避免机体在工作中发生事故。

（4）棘爪应不定期检查其端部磨损状况，如磨损严重应及时更换。

六、出现问题的解决方案

卷帘机刹车装置失灵的现象，具体表现在卷帘机上行正常，下行时卷帘机处于失控状态，而出现自由下行现象。这种现象应高度重视，如不及时处理有可能会对操作人员及周围人员造成伤害。其解决方法如下。

（1）发现刹车失灵现象，首先将开槽螺母松开，将皮带轮旋开，在皮带轮的内螺纹上涂抹些黄油，然后反复旋转，最后旋到合适位置即可。

（2）卷帘机棘爪的端部磨平了，解决方法是将棘爪取下打磨端部直到能卡住制动片为止。

（3）石棉制动摩擦片被烧毁或磨损，更换被磨损的摩擦片即可。

（4）扭转弹簧的弹力不足，更换扭转弹簧即可。

如果以上方法都无法解决刹车失灵的问题，请及时与厂家联系，进行维修。

第三节　卷帘机控制装置

在北方地区，日光温室依靠太阳辐射热量进行蔬菜反季节栽培，夜间为减少热量的散失在温室散热面（棚膜）上覆盖草帘、保温被等进行保温。据调查，日光温室在深冬生产过程中，一座 $667m^2$ 的温室人工拉帘约需 1.5h，人工放帘约需 1h，而用卷帘机卷（放）帘只需 8min 左右。由此看来，每天若用卷帘机卷铺帘子，比用人工节约 2h，这样可以大大延长室内的光照时间。但卷帘机在控制方面还存在一些问题迫切需要解决。

一、日光温室卷帘机控制方面存在的问题

卷帘机主要由机架、电动机、减速器、钢管、支架及电气控制五部分组成，工作时由电动机、减速器带动钢管匀速转动，利用钢管缠绕绳索将草帘（或棉被）卷起。目前，新疆大部分的温室都采用倒顺开关直接控制卷帘机卷铺草帘。上卷时，将开关拨到"顺"的位置，卷帘到预定位置时，再将开关拨回"关"的位置；下铺时，将开关拨到"倒"的位置，草帘铺到预定位置时，将开关拨回"关"的位置。这种控制方式存在着两方面问题：

1. 缺乏限位装置

草帘的停放位置由操作人员凭经验来确定，由于人的疏忽往往会出现没卷到位，草帘堵住通风口无法进行通风排湿；卷过了位，卷帘机、草帘等会一起越过后墙翻倒下去造成严重的后果。

2. 没有过载保护

由于雨、雪等因素使草帘重量增加，卷帘电动机因载荷过大无法继续工作，又没有及时切断电源，造成卷帘机空转，电流增大、电机发热，最终烧毁电动机。

二、卷帘设备自动化控制装置

为解决日光温室卷帘机控制存在的问题，我们对其控制装置进行了改进设计，重点是增加限位控制。

（一）限位控制

限位控制又称作极限位置保护：在主接触器的自保回路中串入运动机构的极限位置行程开关。当运行机构达到极限位置碰撞限位开关时，就断开自保回路，使主接触器释放，切断电源，运行停止。为了使农民更放心、更安全使用卷帘机，采用了电气限位与电机限位双重控制。

1. 电气限位

在草帘停放的上下位置装设电气限位开关（图2-7），采用按钮—交流接触器的常规控制与限位控制相结合。

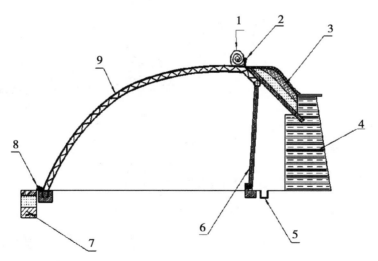

1-草帘；2-上限位开关；3-后屋面；4-后墙；5-灌溉水渠；
6-后屋面支柱；7-防寒沟；8-下限位开关；9-拱架

图2-7 温室剖面图

工作原理（图2-8）：当按上卷按钮 SBQ_1 时，交流接触器 KM_1 线圈得电工作，

所有的 KM_1 常开触点闭合、常闭触点断开，同时切断 KM_2 线圈回路，这时卷帘机正转，指示灯 ZD 亮。当碰撞上限位开关 SQ_1 或者按停止按钮 SBT_1 时，KM_1 线圈失电，卷帘机停机；按下铺按钮 SBQ_2 时，KM_2 线圈得电工作，KM_2 常开触点闭合、常闭触点断开，并切断 KM_1 线圈回路，卷帘机反转指示灯 FD 亮。当碰撞下限位开关 SQ_2 或者按停止按钮 SBT_1 时，KM_2 线圈失电，卷帘机停机。这里值得注意的是：KM_1 线圈和 KM_2 线圈不能同时工作，否则相线与相线之间短接，造成电力事故。所以在 KM_1 线圈回路中串接 KM_2 常闭触点，在 KM_2 线圈回路中串接 KM_1 常闭触点，目的是让 KM_1 线圈工作时，KM_2 线圈回路因 KM_1 常闭触点断开，而将不能工作；而 KM_2 线圈工作时，KM_1 线圈回路因 KM_2 常闭触点断开，也不能工作。

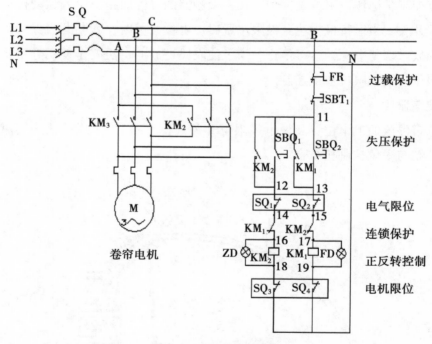

图 2-8　电气原理接线图

2. 电机限位

选择减速电机型号中含字母"V"的，它的输出轴的一端带有限位装置（图 2-9）。两组限位保护开关封装在有抽板的接线盒内。接线盒内的限位碰柱在轨道上通过摩擦作往复滑动。使用时，松开碰柱上的固定螺钉，可以拨动碰柱使其远离或靠近行程开关，调节碰柱与限位开关间的行程来实现限位。

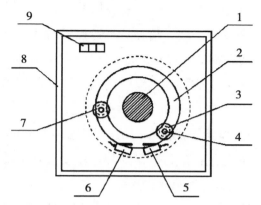

1-输出轴；2-碰柱运行轨道；3-上卷碰柱；4-碰柱固定螺钉；
5-上卷限位开关 SQ_3；6-下铺限位开关 SQ_4；7-下铺碰柱；8-接线盒外框；9-接线端子

图2-9 电机限位装置

（二）增设热继电器

通过热继电器 FR（图2-8）实现过载、过热的保护，当电机发热时热继电器能及时切断控制电源，使得电机停止运行，从而达到保护电机的目的。

（三）卷帘机遥控器

随着蔬菜大棚电气化的实现，节约了人力、物力，增加了植物的光照时间，投资小，回报高，但是任何新项目都有它的两面性，电动卷帘机伤人事故时有发生，为了使电动卷帘这一新生事物更趋向完善，我们设计生产了大棚卷帘遥控等相应的系列产品，做到了安全、方便、省工、省力、节约能源，把危及人身安全和设备安全的不利因素降到最低限度。

1. 卷帘机遥控器的组成

卷帘机遥控器由控制盒、遥控手柄、限位开关这三部分组成。控制盒为最主要的设备，它本身就带有操作按钮，可以近距离的手动式操作。控制盒中有接受天线—遥控手柄发出的指令可接受。遥控手柄就是远距离的遥控操作，它可以按照操作者要求发出信号，控制盒接受到信号，并执行该操作。限位开关为脚踏式开关，安装在温室顶部棉被停止的位置上，当卷帘机带动保温被往上运行的限位开关位置上踏住开关，电气停止卷帘机的运行。

2. 遥控器的选择

（1）遥控器利用进口器件组装，设计结构合理、技术先进、可靠性高、抗干扰能力强，遥控距离在开阔地 100～200m，一般情况下，因受使用地区环境因素的影响，标称距离比实际距离要短一些，请在选择遥控器时注意这一点。

（2）本遥控输出最大功率为 3kW，选择遥控器的功率时必须与电动机的功率相匹配，遥控器的功率要大于或等于电动机的功率，一般遥控器的功率要大于电动机的功率 20%，防止雨雪天气负载加重。

（3）遥控距离在开阔地无干扰信号的情况下距离市 100～200m，为做到有效开关机，防止信号的变化对开关机的影响，遥控器应安装在大棚中间位置，高度为离地 1.5m，采取一定的防尘、防潮措施。

（4）遥控器设置了限位系统，用于防止电动机过卷而设置的，当卷帘卷到上限位置时自行断电、停机。避免超限运行带来不必要的损失，因此上限开关必须安装，位置要得当，安装要牢固，调整要到位，所谓的调整到位就是当卷帘到达限位开关位置时，自行停机。在限位系统也设置了下放限位，用户根据需要酌情使用。限位开关所使用的电源是直流 12V，对设备或人身安全不会带来任何影响。

（5）遥控手柄一定要专用专管，不允许无关人员或儿童乱动，防止随身携带造成误开机或关机。手柄常时间不用，可取出电池，放干燥处妥善保存，以延长其使用寿命。

（6）在遥控距离缩短的情况下应当更换电池或变更遥控器的安装位置。

3. 注意事项

（1）380V 遥控器接线排 A、B、C 同三相电源连接，D1、D2、D3 同电动机连接，K1、总线、K2 同限位开关连接，其中总线是上下限位开关的公用端。

（2）220V 遥控器接线排 AN 同电源连接，电源电压 220V，绝对不允许接入 380V，电源电压在 185～240V 的范围之内可保证遥控器的正常工作，低于 180V，遥控器的灵敏度要受到影响。

（3）220V 遥控器同电动机连接时请注意，启用新电机时，工作状态要求正反转，就必须把厂家已连接好的连接片拆除，如 U1—V1、U2—V2。连接时对应连接及电动机的 V1 接遥控器 V1 对应连接其他相同，如果误接使电动机无法进入正常运行状态，如果改变电动机转向，对调 Z2、V1 的接线即可。

（4）开机分为遥控开机或手动开机两种方式：遥控开机：A 为停机，B、C 为上卷或者下放，调节 B 为上卷，C 为下放，采取调节电源进线的方法。手动开机：上为上卷，下为下放，停为关机。当电源低于 340V 时，将对遥控开关机的可靠性有较大影响，在电压偏低地区使用时请注意。

（5）限位是一种保全措施，不能作为关机用。

第四节　保温被

为了更好提高其反季节种植能力，增强温室大棚保温性能，在温室大棚棚膜上覆盖保温被（图2-10）是十分必要的。理想的保温被应具有传热系数小，保温性好，重量适中，易于卷放，防风性、防水性好，使用寿命长等优点，适合卷帘机配套使用。当前使用最广泛的有两种类型材料：一是用保温毡作保温芯，两侧加防水保护层；二是用发泡聚乙烯材料。前者价格便宜，可充分利用工业下脚料，实现了资源的循环利用，是一种环保性材料。后者发泡后重量较轻、不受潮，卷放省力，因此对卷帘机功率的要求也相应降低。

图 2-10　防风雨雪的大棚保温被

一、保温被种类

1. 针刺毡保温被

"针刺毡"是用旧碎线（布）等材料经一定处理后重新压制而成的，造价低，保温性能好。针刺毡保温被用针刺毡作主要防寒保温材料，（还可以一面用镀铝薄膜与化纤布相间缝合作面料），采用缝合方法制成。这种保温被自身重量较复合型保温被重，防风性能和保温性能较好。它的最大缺点是防水性较差。但是如果表面用上牛津防雨布，就可以做成防雨的保温被了，另外，在保温被收放保存之前，需要大的场地晾晒，只有晾干后才能保存。

2. 复合型保温被

被这种保温被采用 2mm 厚蜂窝塑料薄膜 2 层、加 2 层无纺布，外加化纤布缝合制成。它具有重量轻、保温性能好的优点，适于机械卷放。它的缺点是里面的蜂窝塑料薄膜和无纺布经机械卷放碾压后容易破碎。

3. 腈纶棉保温被

这种保温被采用腈纶棉、太空棉作防寒的主要材料，用无纺布做面料，采用缝合方法制成。在保温性能上可满足要求，但其结实耐用性差。无纺布几经机械卷放碾压，会很快破损。另外，因它是采用缝合方法制成，下雨（雪）时，水会从针眼渗到里面。

4. 棉毡保温被

这种保温被以棉毡作防寒的主要材料，两面覆上防水牛皮纸，保温性能与针刺毡保温被相似。由于牛皮纸价格低廉，所以这种保温被价格相对较低，但其使用寿命较短。

5. 泡沫保温被

这种保温被采用微孔泡沫作主料，上下两面采用化纤布作面料。主料具有质轻、柔软、保温、防水、耐化学腐蚀和耐老化的特性，经加工处理后的保温被不仅保温性持久，且防水性极好，容易保存，具有较好的耐久性。它的缺点是自身重量太轻，需要解决好防风的问题。

6. 防火保温被

防火绝热保温被，在毛毡的上下两面分别黏合了防火布和铝箔构成。还可以在毛毡和防火布中间黏合了聚乙烯泡沫层。其优点是设计合理、结构简单，具有良好的防水防火保温性、抗拉性、可机械化传动操作、省工省力、使用周期长。

7. 混凝土保温被

导热系数小、保温性能佳，尤其在温差变化大时较为突出；吸水率低、防潮性能好；有良好的拉伸性和搞压性；使用方便、施工简单、有适宜的外形尺寸；无味无毒。

上述几种保温被虽都有较好的保温性，都适于机械卷动，推广使用的面积在不断扩大。但因各自尚存在不同的缺陷，仍需要不断改进，使其更加理想实用。

8. 大棚保温被

大棚保温被采用超强、高保温新型材料多层复合加工而成，具有质轻、防水、防老化、保温隔热、反射远红外线等功能，使用寿命可达 5～9 年，保温效果好，同等条件下较草毡覆盖温度可提高 10 摄氏度，易于保管收藏，该产品适用于日光温室、连栋温室、生态餐厅、长途运输车、塑料大棚等保温覆盖，是草毡和纸被的最佳替代品。

9. 羊毛大棚保温被

100%羊毛大棚保温被具有质轻、防水、防老化、保温隔热等功能，使用寿命更长，保温效果最好。羊毛沥水，有着良好的自然卷曲度，能长久保持蓬松，在保温上当属第一。高品质，低价位厂家直接面对大棚种植户，面料种类多（可选），幅宽 2m。长度根据棚的实际做，不浪费。

二、保温被的安装

保温被安装使用可大大节约用户的使用成本，整体安装合理也能提高保温效果。这里涉及三个方面：一是上、下端连接，二是块块连接，三是整体的防风性能。许多保温被用金属扣或用绳子连接固定，这种设计最多可使用一年，因为金属扣要生锈，受力后要移位易脱掉，另外块块间因留有缝隙易进风，影响保温。我们建议块块间可采用粘扣带或直接缝合的办法相连接，这可以增加整体的防风性，提高保温性，夏季不使用时可卷放在棚顶用废物覆盖可减少拆装成本。上、下端的固定可考虑用织带做成固定的吊襻与棚顶钢丝和下端钢管相连，使用寿命也能达到 5 年。

第三章 热风炉

第一节 热风炉的种类

热风炉主要采用对流方式进行热交换，同时因为炉体受热衍射产生的辐射和传导传热。热风炉主要由炉底座、炉体、换热器、离心风机、输送风道组成。热风炉的工作过程如下：燃料充分燃烧之后在炉膛内释放相应热能，热能造成炉内和炉体传热介质储蓄热量，通过换热器的作用，离心风机通过负压送风的方式将室内的纯净空气被吸入到炉内腔体中，使之形成热交换，纯净的冷空气经过炉腔的循环流动，带走了燃料燃烧释放的热量，变成纯净热空气，形成热风，进入风道。均匀地从风道的排风口送入温室室内，达到室内温度上升，空气湿度下降的目的。在冬季我们可以采用燃煤加热进行室内空气的热风流动，在夏季，室外新鲜空气通过炉体进风口吸入，经风道输送到棚室内。

热风炉的基本工作过程如下，燃料在燃烧室中充分的燃烧，燃烧得到的高温烟气进入热交换系统中和冷空气进行换热后得到一定温度的热空气，换热后的低温烟气再经过消烟除尘系统排到大气中。一般的热风炉主要有以下几个系统组成——燃料燃烧系统、热交换系统、排烟除尘系统。如果需要对炉膛压力及燃烧状态进行监测，有的热风炉还配备自动监测和控制系统。

一、热风炉的分类

热风炉是一种通过燃料燃烧加热空气生产热风的设备。作为工艺装置中不可缺失的环节，热风炉在工业领域和农业领域中得到了广泛的应用。热风炉主要部件为燃烧腔体和换热器，按添加不同燃料种类（油、煤、天然气或煤气）可以分为燃油热风炉、燃煤热风炉和燃气热风炉。燃煤热风炉可依据送料方式不同而细分成手烧燃煤热风炉和机烧燃煤热风炉两种。燃油、燃气热风炉的燃烧原理以及构成装置基本相似，其最大区别是选择不一样的燃烧机，燃油热风炉选用的是燃油的燃烧机，反之选用燃气燃烧机。

目前用于热风炉的热源主要有天然气、煤、电、油以及太阳能。加热形式主要有直接烟道气式和间接换热式。换热器的类型也是五花八门，有列管式、无管式及热管式等。热风炉可根据燃料、燃烧方式和加热方式来分类。

（一）按燃料不同分类

我国是煤的主要产地，燃料结构体系中煤占有极其重要的位置，我国使用的热风炉也主要以燃煤为主。按使用的燃料不同，热风炉可分为燃煤型、燃油型、燃气型及生物燃料热风炉。

（二）按工作参数分类

按热风温度不同，热风炉可分为低温热风炉（150℃以下），中温热风炉（150～250℃），250℃以上的为高温热风炉。按供热量不同，热容量小于 50 万 kcal/h 的为小型炉，50 万～120 万 kcal/h 的为中型炉，150 万 kcal/h 以上的为大型炉。

（三）按结构形式分类

1. 直接加热热风炉

直接加热热风炉只有燃烧器，无换热器，燃料燃烧后，直接利用烟道气为加热介质的热风炉。燃料经过燃烧反应后得到的高温烟气进一步与外界空气接触，混合达到一定温度后进入干燥室，与被干燥相接触、加热、蒸发水分，从而获得干燥产品。该种方法燃料的消耗量约比用蒸汽或其他间接加热器减少一半左右。

直接加热热风炉主要类型有抽板顶升式燃烧炉、螺旋下饲式燃烧炉、往复推动式炉排燃烧炉、沸腾炉和链条炉排燃烧炉等。

2. 间接加热热风炉

主要类型有列管式热风炉、无管式热风炉、热管式热风炉和热媒加热式热风炉等。

3. 电加热式热风炉装置及其他

电加热方式有很多优点：热效率高，安全，温度调节方便，使用灵活，是随着育苗温室的兴起而发展起来的，因土壤温度不同影响种子发芽率以及种苗的正常生长，通过实践证明得出：对土壤局部采用电加热方式加热是确实可行的方案。但电加热价格较高，期间进行热—电转换至电—热的二次能量转换。从能源的利用率方面来看，电加热附加成本太高，种植名贵花卉和中药材等还有一定经济效益，而种植普通温室蔬菜的作物既不经济也不合理。

二、几种常用热风炉的特点和结构

根据加热方式的不同，热风炉可分为直接加热和间接加热热风炉，下面以这个为分类方法来做介绍，重点常对间接式加热的几种热风炉的特点和基本结构做一番调查。

（一）直接加热热风炉的特点和结构

直接加热热风炉，燃烧后的烟气直接用于加热干燥，不经过换热器。烟气温度可达 800℃，设备不仅热损失小而且成本较低。燃料的消耗量用这种方法计算比用蒸汽或其他间接加热器少一半左右。因此，在不影响产品质量的情况下，建议使用直接加热。

直接加热热风炉工作如下：燃料经过燃烧化学反应后，得到的具有高温的燃烧气体充分与纯净空气交融，混合达到一定后直接进入干燥室，与被干燥的料相接触，加热，蒸发水分，从而获得干燥产品。由于该类加热方式在温室中应用很少，大多数应用与轻工业的大型干燥工程，所以在这里只是对其做一些简单的介绍。

1. 固体燃料热风炉

直接加热热风炉的燃料可分为三类：固体燃料（如焦炭，煤等生物质材料）；液体燃料（如柴油、煤油、重油等）；气体燃料，如煤气、天然气、液化气等。固体燃料按照燃烧方式可分为层燃式、悬燃式和沸腾式，根据此将固体燃烧热风炉分为悬燃炉、层燃炉和沸腾炉 3 种。而由于加煤方式的不同，层燃炉可分为上饲式固定炉排炉、链条炉、往复炉排炉等。悬燃炉和沸腾炉用在大、中型锅炉中比较多，而且工艺复杂，设备投资大。沸腾炉由于特殊的燃烧工艺，很难应用大中小型热风炉上。因此，目前热风炉的燃烧方式主要是层燃式，属于层燃炉。如今推广应用仍然以手烧燃煤热风炉和机烧燃煤热风炉占主流趋势。

2. 其他热风炉

燃油热风炉以重油、煤油或柴油为燃料，燃油热风炉比燃煤热风炉的价格要高，但其他功能特点优势强大，主要从国家能源经济角度考虑一般不用于生产使用，因为如果燃烧不充分，则使空气受到污染，烟气不能直接使用，加热成本加大，在用于温室加温时一般不建议采用。

电能是一种清洁能源，应用的方法很多，工业上很多场合直接利用电能接触或辐射加热干燥物料，是一种直接加热方式，技术也比较成熟。

直接加热热风炉就是只有燃烧器，没有换热器，其特点是燃料燃烧后以高温烟气为热交换介质，热风炉燃料经过燃烧反应后得到的高温烟气与外界纯净空气充分融合后，混合达到一定温度后进入干燥室，与被接触物料相接触，加热，蒸发水分，从而获得干燥产品。该种方法燃料的消耗量比用蒸汽或其他间接加热器减少一半左右。因此，在不影响产品质量的指标下，尽量使用直接加热热风炉。

（二）间接加热热风炉的特点和结构

1. 间接加热热风炉的特点

燃煤间接式热风加热装置能够提供无污染、清洁的热空气，主要适用于被干燥物料或环境不允许污染的场合以及要求热风温度较低热敏性物料的干燥，如食品、制药、精细化工行业。适用于热风干燥的热风间接加热装置主要有三种类型：烟道气（燃煤、燃油、燃气）间接加热装置、蒸汽（导热油）间接翅片加热装置和电加热热风装置。

2. 几种间接加热热风炉的特点和结构

由于人们对健康和卫生的要求在不断提高，间接式热风装置主要适用于被干燥无污染的物料或场所。应用最多的是热管式热风炉、列管式热风炉和无管式热风炉，这三种热风炉在国内有大中小各种型式，众多的厂家生产，是应用最广泛的炉型。下面详细的介绍一下这三种炉型。

（1）无管式热风炉。当前用于燃煤（气）间接加热热风炉多为无管式（套筒式）和列管式两种。无管式热风炉结构主要是由炉膛和套筒式换热器组成。这种形式的热风炉一般炉膛和换热器为一体，此种加热装置将烟道气作为热载体，通过无管式换热器的套筒或多头导向螺旋板等换热壁的传热来加热空气。体积小，热损失小，造价低、结构简单、适应性强、热效率高。但存在炉膛直接接触的换热器顶板容易烧穿及不易修复等缺点。

该型式的大中小型热风炉均有广泛的应用。它由燃料供给结构、烟囱、炉膛和换热器等部分组成，立式无管式热风炉的换热装置在炉膛的正上方，呈直立状态。炉箅上的煤在炉膛上燃烧，烟气通过烟气通道上升，循环后由排烟口排出。外界纯净空气由进气口经过腔体外层的空气通道，经过冷空气朝下走，热空气朝上走自然原理，使得向下进入内层空气通道，向上从热风口排出。空气和烟气分处两个不同的腔体，通过热交换器进行换热，从此获得纯净的热空气。此种热风炉其受热面为整个炉壁，因此受热比较均匀，圆形立式炉膛中均布垂直换热面，有效延长了热风炉的使用寿命。

（2）列管式热风炉。管式热风炉与其他热风炉的主要差别就是，烟气通过管状通道与纯净空气进行热交换，是间接加热式热风炉中比较常见的结构方式。该列管式热风炉的主要缺点在于火焰直接接触管状通道，使得管状换热管的使用寿命较短，不足 500h，同时热负荷也不均匀，由于管状换热管体积较大，不利于搬装和运输。

该热风炉的优点是造价低，结构简单，适应性强，安装维修方便等特点。主要构造有炉膛、列管式换热器、烟道、烟囱等，其中的换热器由管蔟组成，在这种热风炉中，换热器最根本的作用就是将烟道气的热量通过管壁传递到温度相对较低的空气一侧，以实现空气的对流。

在实际应用中，列管式热风炉可分为几种类型。

一是热风炉可以根据其放置形式分为立式热风炉和卧式热风炉。立式热风炉是在炉膛的正上方排布列管式换热器，从而有效地节约空间，减少面积，多用于热功率小于 $5×10^5$kcal/h 的中小型热风炉。卧式热风炉与立式热风炉相反，将换热器横向并列布置于炉膛内，由烟道连接，多用于热功率大于 $5×10^5$kcal /h 的大中型热风炉。

二是分体式热风炉和整体式热风炉。是依据热风炉与换热器的不同配置形式而命名的。整体式热风炉在制作时将炉膛与换热器制作成一个整体，最大的优点为占地面积小，安装简单和使用方便。分体式热风炉就是将换热器和炉膛作为两个单独的部件，现场组装，大大简化了加工工艺。总的来说列管式换热器具有造价低、结构简单、适应性强、安装维修方便等特点，且以烟道气为热载体，适用于需要洁净热空气的场合，如奶粉、合成树脂、精细化工等物料的干燥。

（3）热管式热风炉。热管式热风炉主要由热管换热器和热管构成，其原理是利用热管这种极高导热性能的导热元件，将热量供给热管换热器，再供给被加热装置。它通过在全封闭真空管内工质的蒸发和冷凝来传递热量，其中热管的好坏直接影响热管式热风炉质量的好坏。热管式热风炉具备良好的等温性、极高的导热性、可控温及传热面积冷热两侧调节方便，同时可进行远距离传热等优点。

工作原理在于管内抽成 0.00013～0.13Pa 的真空，充以液体，使之填满毛细材料的微孔并加以密封。管子的一端为蒸发段，另一端为冷凝段，根据需要中间可设一绝热段。蒸发段吸收热流体热量，并将热量传递给工质，（液态），工质吸热后以蒸发与沸腾的形式变为蒸汽，在微小压差作用下流向冷凝段，同时凝结成的液体放出汽化潜热，并传给冷流体。工质如此循环，完成换热。热管的主要特性一是传热特性强；二是具有良好的等温性和恒温性；三是可改变热流密度。

因此，该项技术在太阳能的使用中比较多。其主要作用是将低热流密度输入转化为高热流密度输出。其次，在实验室需要恒温的地方使用较广。因基本上不在日光温室中使用，所以此处仅作简单介绍。

（4）热媒加热式热风炉。热媒加热式热风炉根据热媒的不同，分为蒸汽加热式热风炉和导热油加热式热风炉两种。

导热油热风炉是以煤、重（轻）油或可燃性气体作为燃料，将导热油做热载体的热风发生装置。它通过循环油泵强制进行液相循环，将热能传递到翅片型加热器中，之后加热空气用做热风。经过换热后的导热油则重新返回加热炉被加热，如此反复。蒸汽式热风炉利用换热器加热冷空气而产生热风，它是以蒸汽为热源，蒸汽洁净无污染，但蒸汽的产生发生装置成本较高且体积巨大。

（5）其他加热装置。上面介绍的是几种常用的热风炉，当然还有其他的加热装置，如电加热器和太阳能空气集热器等。电加热器由电热元件和加热箱体两部分组成，是通过电阻元件如电阻丝、碳化硅棒或辐射元件等使电能转变成热能的一种热风加热装置。其主要特点是：使用方便，无环境污染，结构简单，制作方便，控制温度精度较高，可达±0.5℃。对电容量富裕地区特别适合。但加热消耗能源大，一般不采用电做为加热热源。太阳能空气集热器是由吸热体、盖板、保温层和外壳构成的，它是一种将太阳能转化成热能的装置。由于太阳能受气候、环境和季节的影响很大，目前太阳能集热器仅在一些太阳能富集地区零星使用。

第二节　5LMS 型燃煤热风炉发展与结构优化

一、无管式燃煤热风炉

无管式热风炉结构主要是由炉膛和套筒式换热器组成，如图 3-1 所示。这种形式的热风炉一般炉膛和换热器为一体，此种加热装置将烟道气作为热载体，通过无管式换热器的套筒或多头导向螺旋板等换热壁的传热来加热空气。体积小，热损失小，造价低、结构简单、适应性强、热效率高。但存在炉膛直接接触的换热器顶板容易烧穿及不易修复等缺点。该型式的大中小型热风炉均有广泛的应用。它由燃料供给结构、烟囱、炉膛和换热器等部分组成，立式无管式热风炉的换热装置在炉膛的正上方，呈直立状态。该种热风炉的结构形式如图3-1所示，炉箅上的煤在炉膛上燃烧，烟气通过烟气通道上升，循环后由排烟口排出。外界纯净空气由进气口经过腔体外层的空气通道，经过冷空气朝下走，热空气朝上走自然原理，使得向下进入内层空气通道，向上从热风口排出。空气和烟气分处两个不同的腔体，通过热交换器进行换热，从此获得纯净的热空气。此种热风炉其受热面为整个炉壁，因此受热比较均匀，圆形立式炉膛中均布垂直换热面，有效延长了热风炉的使用寿命。底部的环流风机坐落于温室地面上，将温室内的空气吸入热风炉中对其加温，加温后的热空气通过热风管道送出，然后通过塑料热风带送往温室。

图3-1　无管式燃煤热风炉

二、间接引风式燃煤热风炉

SLDRF-2型日光温室引风式间接加热热风炉为立圆筒形结构，由炉膛、换热器、外壳、离心式引风机等组成（图3-2）。燃煤炉膛内层用耐火水泥、耐火土、玻璃粉和铁粉砌筑。玻璃和铁粉经高温熔化后可增加炉体的坚固性。

换热器是热风炉的核心，是实现高温烟气和空气间接换热的部件。该炉采用了同心套筒式结构。换热器置于炉膛上方，呈直立状态，分上、下两部分。下部由高温烟道和供烟气折流的同心圆周夹层套成。为了减小高温烟道体积，增加散热面积，沿高温烟道轴向均匀布置了散热片。间接加热热风炉的烟道在高温下极易氧化

图 3-2　引风式间接加热热风炉

甚至烧漏，为克服这一难题，对高温烟道与圆周夹层之间的空气通道安装尺寸进行优化设计，将空气进口以圆周形设置在高温烟道始端。上部为加散热片的陀螺状换热体。该换热体与热风炉外壳上部构成换热室，换热室的顶端设有热风出口，在热风出口安装有引风机。

工作原理：燃煤在炉膛中燃烧，燃烧后的高温烟气进入换热器高温烟道中。高温烟气的高温一部分被进入高温夹层中的空气吸收，另一部分随烟气上升到陀螺换热腔内。在此处，高温烟气流向受阻，并被折回到同心圆周夹层套的烟道中。受阻烟气的热量大部分被换热室中的空气吸收，部分热量随烟气进入圆周夹层烟道被夹层中的空气吸收。余下部分热量随烟经烟口排出。经实测，经排烟口排出的烟气温度在230℃左右。经热交换后的热空气从换热室出风口由引风机送入温室。

三、列管式燃煤热风炉

1. 列管式燃煤热风炉的设计依据

如图 3-3 所示列管式燃煤热风炉主要应用于冬季温室的生产，它放置于温室中间位置向两面供热，供热距离为左右各30m，通过耐高温塑料热风管道将热空气传送出去。在新疆北部地区冬季室外极限温度太低（如塔城极限温度低于-40℃），在这些极限温度的温室内使用热风炉是非常有必要的；在新疆南部地区冬季会出现连续 10 天到 1 个月的阴雨天气，在这种天气里日光温室白天没有吸收太阳辐射的热量以至于夜间温度过低，在这些天气里热风炉的使用也是非常有必要的。目前列管式燃煤热风炉已在南、北疆推广超过 1 000 台，使用效果良好。冬季温室大棚温度的提高和保障是靠传统的火墙、火炕、水暖等方式，近年来已被制造成本低、安装操作简单、安全、高效等优势的钢制炉体所取代。由于以上优点符合我国目前农村的国情被广泛应用。能源的有效利用和消耗是全球都关注的大问题，如何使该炉子效率最大、煤耗最小是非常值得我们研究和探讨问题。对此，为了进一步解决这个问题，我们在对现市场流行的各种热风炉体结构、性能进行了广泛了解和剖性能测试，在农民应用情况了解的基础上，我们做了认真的分析和研究后设计了列管式燃煤热风炉，其内部有规则排列着数根列管，炉膛对管外壁加热使流经管内的冷风加热后吹出。

图 3-3 列管式燃煤热风炉

2. 参数计算

（1）受热面积。Φ60 加热管厚为 3mm，长为 0.75m，加热管的受热面积：

$$F_1 = 3.14 \times 0.057 \times 0.75 \times 10 = 1.342 \text{m}^2$$

炉体内胆的外直径为 0.38m，长度为 0.873m，炉体内胆的受热面积：

$$F_2 = 3.14 \times 0.38 \times 0.873 = 1.042 \text{m}^2$$

出烟口的外直径为 0.114m，长度为 0.35m，出烟口的受热面积：

$$F_3 = 3.14 \times 0.114 \times 0.14 = 0.125 \text{m}^2$$

总受热面积：

$$\Sigma F = 1.342 + 1.042 + 0.125 = 2.509 \text{m}^2$$

炉体的受热面积越大越好，可以适当增加加热管的管径。

（2）空气侧流速。热风炉进风由原来的部分进风进入加热管，部分进入炉胆与外筒体夹层改为先进加热管，后进炉胆与外筒体夹层。这样更改的优点是：①使得风向流通更集中，有利于将热量更均匀地输送出去。②更好地降低了加热管的热量，提高了加热管的使用寿命。我们选择风机流量是 1 200m³/h。

加热管的流通截面积：$f_1 = \pi/4 \times 0.054^2 \times 10 = 0.02289 \text{m}^2$

夹层的流通截面积：$f_2 = \pi/4 \times (0.48^2 - 0.38^2) = 0.0675 \text{m}^2$

$$\Sigma F = 0.02289 + 0.0675 = 0.09039 \text{m}^2$$

管子及夹层空气侧的流速：$w_k = \dfrac{1\ 200}{3\ 600 \times 0.09039} = 3.688 \text{m/s}$

热风在管子及夹层的流速尽量慢些，可以更好地受热。这里正常的空气流速控制在 6～8m/s，热风在管子及夹层的流速应当为正常流速的一半左右，符合设计要求。

热风出口的流通截面积：$f = \pi/4 \times (0.2^2 - 0.114^2) = 0.02112 \text{m}^2$

热风出口的空气流速：$w_k = \dfrac{1\ 200}{3\ 600 \times 0.02112} = 15.78 \text{m/s}$

热风出口流速尽量快些，可以将热量更快地输送出去。这里正常的空气流速控制在 6～8m/s，热风在管子及夹层的流速应当为正常流速的一倍左右，符合设计要求。

（3）烟囱的烟气流速。烟囱的流通截面积：$f = 0.785 \times 0.114^2 = 0.0102 \text{m}^2$

烟囱的烟气流速：$w_y = \dfrac{100 \times (300 + 273)}{3\ 600 \times 273 \times 0.0102} = 5.72 \text{m/s}$

烟气的流速没有过多的要求，但是最好低于正常流速，这里也是符合要求的。

3. 需要思考的问题

通过以上研究、结构设计改进的过程后我们提出以下值得思考和探讨的几个问题：

（1）环保问题。虽然温室大多建在城乡结合部或较为偏远的农村，但也势必给周边城镇带来一定的影响，解决此问题需要用户的初期投入加大给农民带来经济负担，是否需要政府给予一定的经济扶持政策。

（2）考虑空气的比热还较低相对于其他导热方式提高热效率难度大，如极端的追求该指标势必使其炉体结构复杂，制造成本提高、初期投入和运行成本提高，（如采用强制通风）使农民接受困难因此我们认为目前不宜采用此种考虑。

（3）热风炉的可利用热效率计算问题。我们认为热风炉的的热效率计算应不同于其他采暖炉的计算，因该炉体使用中炉体置于被加热带温室内炉体及部分烟囱的热能、操作中的热损均被有效利用。

（4）出烟口温度远高于出风口温度。因为该炉体燃烧系统为自然通风送风系统采用强制通风带来两者风速差别使排烟温度高于排风温度，因此不应用排烟温度值来单一衡量热效率大小的参数。

因此，综上所述，结合我国国情可利用热能及排烟参数及指标不宜过于片面地追求热能指标，最佳指标参数的选择确定应结合以上几个问题综合考虑。

四、储煤式燃煤热风炉

近年来，设施农业已逐步成为新疆农业重要的发展方向和增加农民收入的新亮点，但随着生产发展，新的问题凸显出来，其中突出问题之一就是温室冬季保温问题，在这种情况下，保温加温装备显得尤为重要。热风炉通过热风输送管道可以使温室内升温快，而且可以降低温室的相对湿度，保持温室一定的干燥度，间接地减少病虫害和水汽蒸发。而且升温温度均匀，温室的各个角落都能够得到热量的补充。栽培的作物浇水后，正是各种病害发生的湿度，热风炉干热空气输入，将室内空气从回风口抽出温室外面，从而防止各种虫病害的发生。在一定程度上节约了农药和节省人力物力。

燃煤热风炉普遍存在的问题是：一是工作可靠性较差；二是热效率低；三是换热器的腐蚀和堵灰现象较为严重，如烟气速度过低，热风炉中的烟气中的灰粒子会不断地堆积在受热面上，造成热风炉热效率降低。炉子里面的灰如果堆积严重的话，会堵塞烟气通道，影响热风炉的正常运行。因此，对温室加温设备进行科学的选择和设计，使其能满足作物生长需求，又可以最大限度地节约自然能源，保护环境，提高温室的经济效益和社会效益，日光温室的补温主要在冬季晚上，晚上加煤的工作量大，研究出了这种热效率高、节煤环保的日光温室专用的燃煤热风炉——储煤式燃煤汽化一体炉（图3-4）。

图3-4 储煤式燃煤热风炉

新疆光照时间长，适合发展设施农业，但是冬季设施农业生产蓄热条件不够成了问题，新疆低于0℃的日数全疆各地均超过124d，有些地区低于-30℃的极寒天气会持续达到30d以上，在极端条件下热风炉的使用是非常必要的。2012年中国新疆煤产量1.4亿t，丰富的煤产量成为热风炉燃料的首选，但是由于煤的形状、大小规则不一，并且没有规律性，热风炉的加煤成为了热风炉使用中主要问题。热风炉按照耗能种类区分主要分为燃煤热风炉、燃气热风炉、生物质燃料热风炉和燃油热风炉等。热风炉主要由以下三个系统组成：燃料燃烧系统、热交换系统、排烟除尘系统。若需要对炉膛压力及燃烧状态进行监测，有的热风炉还配备自动监测和控制系统。其中换热系统是其最重要的部分，换热器装置又是换热系统的核心部件，它的主要功能是将热量从一种介质传给另一种介质，从而达到换热的效果（于凤玲，2014）。对于温室大棚供暖的热风炉，主要采用的是间壁式换热器。我国的能源情况比较严峻，如何使热风炉更节能，提高热风炉的热效率是热风炉的设计中至关重要的问题。普通的燃煤热风炉使用过程中出现以下问题。

（1）使用过程中，夜间需要多次加煤，工作量大。

（2）煤燃烧时间短，不能充分燃烧。

（3）热风炉会出现倒烟现象，有害气体如CO等会进入空气中，对人员及作物造成伤害。

本节主要是设计一种炉体可以储煤并且实现煤二次充分燃烧的汽化燃煤热风炉结构，并通过试验提出储煤汽化热风炉在推广和应用中的改进建议。

1. 结构设计

（1）砂封结构设计。为了实现煤的汽化燃烧，禁止热空气及有害气体从进煤口处溢出，在炉体上设计了环形砂封槽和砂封顶盖，砂封槽中装入干砂，砂封顶盖插入干砂中（图 3-5）。

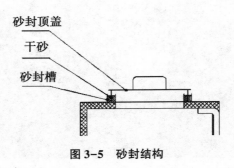

图 3-5　砂封结构

（2）储煤仓结构设计。热风炉主要是在温室夜间使用，在新疆夜间加温时间为 9～10h，一般是从晚上 10：00—早上 8：00 进行加温作业，每小时燃煤 8～10kg，储煤仓的大小以正好能满足夜间燃烧为宜，如果煤量过多，会造成热风炉的体积过大，耗材过多；如果煤量过少不能满足夜间燃烧作业，会增加工作人员的劳动强度，因此储煤仓的设计大小需要通过加煤量来测定，通过试验设计储煤仓可以储煤 80kg，加上燃烧室内的正在燃烧的煤，夜间总加煤量为 90kg 左右。储煤仓的底部为中腔斗，中腔斗直接与燃烧室连接，需要很高的耐热量，我们采用 2.5～4mm 厚钢板及灰铸铁件进行实验，钢板在高温空气中容易被氧化，这不仅会引起污染，而且钢板因腐蚀而迅速减薄以致失效，经过 10d 的燃烧实验（表 3-1），最终我们采用灰铸铁件制作中腔斗（图 3-6）。加煤时，一部分煤炭落入燃烧室内燃烧，其余煤炭停留在储煤室内待燃烧，燃烧室内的煤量过少时，储煤仓内的煤炭会通过中腔斗落入燃烧室中，中腔斗上方的煤炭处于高温汽化流动状态，直到储煤仓内的煤全部加完。

表 3-1　燃烧试验

项目	2.5mm	3.25mm	4mm	灰铸铁
燃烧试验（小时）	310h	568h	1 000h 以上	未烧坏

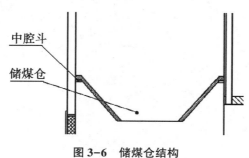

中腔斗

储煤仓

图3-6　储煤仓结构

（3）换热器结构设计。换热器是热风炉的核心部件，换热器的性能好坏直接影响热风炉的使用性和可靠性，需对其工作性能进行相关必要的研究。为了最大限度地利用热能和回收余热，对换热器进行强化传热一直是国内外学者研究的热点。热风炉的换热器采用φ50×3.0钢管（图3-7），列管的下端与进风风机出风口相连，列管上端与热风管道密封连接，这样通过风机的冷空气在热风炉内被加热后直接通过热风管道送到温室中，和烟气通道分离，避免了有害气体进入温室中对作物和人员造成的伤害。列管的下部圆弧弧度为120°，有利于空气流动，降低了风阻。这样的12根列管在热风炉内组成了列管束（图3-8）。列管在热风炉内尽量的多，增加热交换的换热面积，我们设计了两个同心圆直径分别为278mm、400mm，在φ278的同心圆上平均分布了6根列管，在φ400的同心圆上也平均分布了6根列管，换热面积达到0.2m²。

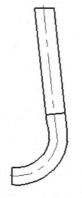

图3-7　列管结构

（4）风机的选型。热风炉内煤炭燃烧产生的热量要快速地通过管道释放出来，需要使用风机将热风炉产生的热量及时高效地排出。新疆本地煤的成色有比较大的

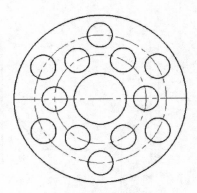

图 3-8　列管束分布

区别，我们选择了 5 种不同销售商销售的煤炭在新疆维吾尔自治区煤炭产品质量检测中心委托检验（表 3-2），我们选择发热量较高的为实验 2 用煤，每千克煤的平均发热量为 26.74kJ，热风炉每小时燃煤量约为 10kg，这些热量（理想条件下）需要通过风机传导出去，根据 GB/T 6673—93 标准《热风炉实验方法》可以计算出风机风量选择 2 600m³/h以上规格。

表 3-2　不同批次煤的发热量

项目	I	II	III	IV	V
高位发热量（kJ/kg）	15.6	27.2	17.4	22.3	24.3
地位发热量（kJ/kg）	14.8	26.2	16.6	21.1	23.5

（5）煤汽化二次燃烧。燃烧室内的煤由于空气供给不足等原因没有充分燃烧产生的 CO 和储煤仓内储存的煤由于温度的升高产生汽化现象，产生了大量的高温可燃气体，这些气体无法通过砂封上行，只能下行通过烟气通道进入交换室，交换室内有充分的氧气和很高的温度，高温可燃气体在交换室充分地燃烧并与换热器里的列管内空气进行热交换，风机及时将列管里的热空气排出，给温室供热。普通的热风炉由于没有经过二次燃烧会产生 CO，如果产生的 CO 不能及时排除会造成 CO 浓度增高对作物及工作人员造成损害。这种可以汽化二次燃烧的热风炉不仅可以避免 CO 等有害气体的危险还大大地提高了热风炉的热效率。

2. 工作原理

温室专用储煤燃煤汽化一体热风炉，煤炉进气管与前炉体的煤炉灰膛和后炉体的风道相连通，煤炉进气管将风道中的气流引入煤炉灰膛，使煤炉燃烧旺盛，在关闭煤炉出灰门后，煤炉进风管是煤炉唯一的主要供气源，控制气阀，就可以控制煤炉的进气量，从而控制煤炉的燃烧速度，进而控制热风温度。排气管将前炉体的储煤仓与烟气通道相连通，储煤仓中的煤高温汽化，部分未充分燃烧的煤气和热量通过烟气通道进入汽炉热交换室二次燃烧，使煤得到了充分燃烧。利用外接风机通过进风口向风道内吹入高速气流，一、二次燃烧的热量通过加热汽炉热风管和内筒将热量传递给热风管和风道中的气流，形成热风，经出风口排出。

温室专用储煤燃煤汽化一体热风炉，煤炉上盖与后炉体间的密封采用砂、土密封防烟方式。前述的温室专用燃烧速度可控储煤汽化一体热风炉，其特征在于，煤斗为漏斗形状，煤斗与储煤仓相连，一次加入充足的煤量，燃烧炉膛内的煤不断燃烧后，煤斗中的煤自动掉落到燃煤炉膛中，实现自动加煤。以燃煤为主，也可配烧秸秆、木屑等多种固体燃料。

3. 主要技术参数（表3-3）

表3-3　燃煤热风炉技术参数

型号规格	输出热量（kcal/h）	外形尺寸（直径×高）（mm）	整机重量（kg）	风机功率（kW）	供风温度（℃）	热效率（%）	供暖面积（m²）
5LMS-30	2万	450×1 430 500×1 200	95+80	0.75	60～80	≥72	200～300
5LMS-50	4万	775×1 852 600×1 250	220+120	1.1	80～120	≥70	350～500

4. 主要特点

（1）具有燃煤热风炉以上优点外，具备一次加煤燃烧10h以上的特点，减轻用户的劳动强度。

（2）储煤仓环形口上方煤炭燃烧汽化，没烧尽的烟气进入热交换室进行二次燃烧，提高了热效率，也起到了环保作用。

（3）燃烧室与热交换室分开的，工作时没有直烧热交换管，与一般的热风炉相比延长了使用寿命。

（4）热风炉在使用前加装温控器，仔细检查热风炉的供电线路，以保证热风炉的使用安全。温控器调至55℃，风机及时送风防止炉温过高损害炉体，若温控器损坏，应及时关闭进风门、微开启汽炉出灰口（工作正常状态关闭），直接接通风机运转，并及时更换温控器。

（5）热风炉供热过程中，可以根据实际生产的需要调整风门开启的大小，来调整提供热风的温度。

（6）如发生停电状况应及时关闭进风门、微开启汽炉出灰口，减弱烟气抽力，确保炉体安全。

5. 燃烧试验

2015 年 3 月试制的第一台热风炉开始点火试验，测试时间为 2015 年 3 月 18—24 日，主要测试热风炉热风出口温度及烟气温度。热风出口温度为热风炉的有效热效率，但是也不能过高，以免对人及作物造成损伤，一般要求 80～100℃为宜，烟气温度是热风炉的排烟热损失，国内的热风炉排烟温度多在 170 ～250℃，排烟热损失为 11%～17%。

图 3-9 为 3 月 20 日测温曲线图。

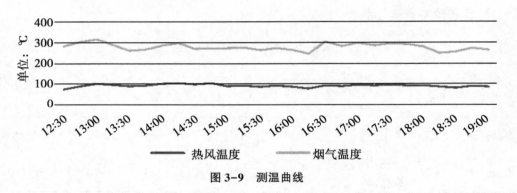

图 3-9 测温曲线

表 3-4 为 3 月 18—24 日测量温度的平均值。

表 3-4 测温平均值

时间	热风温度（℃）	烟气温度（℃）
3. 18	92.7	285.8
3. 19	89.7	271.7
3. 20	80.2	281.4
3. 21	94.6	292.7
3. 22	97.3	251.5
3. 23	116.9	256.6
3. 24	92.6	212.7

通过试验得出热风出口温度在 70～110℃，温度较为稳定，烟气温度 250～320℃，温度较高，热量散失较大，在试验过程中没有架设横向烟道，直接将烟竖直排除，在温室使用中都会架设横向烟道，尽可能降低烟道热量损失。

储煤汽化二次燃烧热风炉的热风出口温度较为稳定，有利于温室种植小环境的形成，有利于作物的生长。但是烟道排烟温度较高，热损失较大，建议在烟筒上加装散热装置，将烟气产生的热量尽量散失到温室内，用于温室提温。

储煤汽化二次燃烧热风炉应用范围现只是针对温室种植，在日后产品改进升级时，能进一步将产品应用于养殖及小型加工工厂的供热，拓宽应用范围，有利于设备进一步推广。

储煤汽化热风炉实现了一次加煤、储煤、汽化二次燃烧等功能，节省了人力，种植人员不用夜间加煤减轻了劳动强度，在 2015 年 9 月以来销售共计 3 000 台，销往塔城、喀什等地区，推广前景较好。

第四章 节水灌溉及植保装备

第一节 滴灌系统

温室使用的滴灌机械常用的就是滴灌系统。滴灌系统是通过干管、支管和毛管上的滴头，在低压下向土壤经常缓慢地滴水；是直接向土壤供应已过滤的水分、肥料或其他化学剂等的一种节水灌溉系统。

1. 组成

滴灌系统由水源、首部枢纽、输配水管网和灌水器以及流量、压力节制部件和量测仪表等组成（图 4-1）。

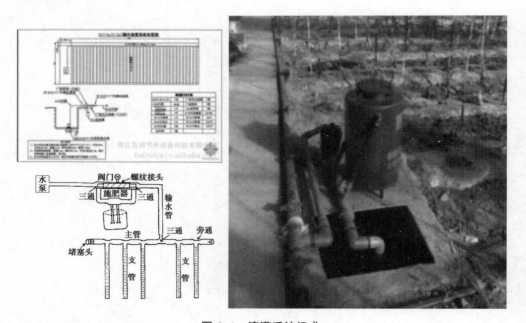

图 4-1 滴灌系统组成

2. 滴灌设备使用方法

（1）水压力调整。把水压调至 0.03～0.05 兆帕，压力过大易造成软管破裂。

没有压力表时，可从滴水软管的运行上加以判断。若软管呈近似圆形，水声不大，可认为压力合适。若软管绷得太紧，水声太大，说明压力太大，应予以调整。

（2）供水量调控。灌溉水量要依作物的不同生育期以及天气情况来确定，一般每亩（1 亩≈666.7m²，1hm²＝15 亩）每次灌水 20m³ 左右即可，掌握苗期要少，作物生长旺盛期要多，高温干旱时灌水要多。没有流量计显示时，可通过软管供水的时间进行计算，或根据土壤的湿润度来判断。虽然每次灌水的时间要受输水压力、软带直径、软带条数、滴孔大小和密度以及流量等因素的影响，但一般多为 2～3h。采用 75-1 型土壤湿度计，按作物需要的适宜灌水量供水更为科学。在实际生产中，滴灌的蔬菜往往要比传统灌溉的蔬菜易疯长，所以要适当加以控制，避免影响产量。

（3）施肥技术。利用滴灌系统施肥时，可以购置专用的施肥装置，也可自制。把出液管与滴管软管的支管连接，将溶解好的肥料不断加入施肥装置，或是将化肥用微型泵或喷雾器压入支管中，即可完成施肥。施肥一般在灌溉结束前半小时进行。导入肥料的孔在不使用时应封闭。

3. 滴灌工作中注意事项

（1）止滴孔堵塞。定期清理过滤装置，追肥时一定要溶解好，并清除杂质。

（2）注意水压。压力要适中，避免软带破裂。

（3）肥料营养比例合适。

（4）保管好塑料管材。夏季不用时应将布置在地面的管材和软带收集起来，放到避光和温度较低的地方保存，再用时要检查是否有破裂漏水或堵塞，维修后再重新布设。

4. 特点

传统灌溉和滴灌对比见图 4-2。温室内使用滴灌，可以极大改善温室内的环境，具有以下特点。

（1）降低空气湿度。

（2）适时补充各种营养成分。

（3）减少地温下降。

（4）提高温室室内的温度。

（5）提早供应市场。

（6）延长市场供应期。

（7）加收入。

（8）节水、节能、省工、管理简便。

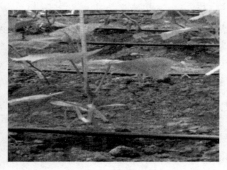

（a）传统灌溉 （b）滴灌

图 4-2　传统灌溉与滴灌的对比

第二节　施肥机械

施肥机械是用以施放各种化学肥料（颗粒肥、液肥）、厩肥、粪肥和堆肥等的机械。

通过灌溉系统施肥需要一定的施肥设备，常用的施肥设备主要有施肥罐、文丘里施肥器、施肥泵、施肥机等。

一、施肥罐

施肥罐是田间应用较广泛的施肥设备。在发达国家的果园中随处可见，我国在大棚蔬菜生产中也广泛应用。施肥罐也称为压差式施肥罐，由两根细管（旁通管）与主管道相连接，在主管道上两条细管接点之间设置一个节制阀（球阀或闸阀）以产生一个较小的压力差（1～2m 水压），使一部分水流流入施肥罐，进水管直达罐底，水溶解罐中肥料后，肥料溶液由另一根细管进入主管道，将肥料带到作物根区（图 4-3，图4-4，图 4-5）。

旁通施肥罐是按数量施肥方式，开始施肥时流出的肥料浓度高，随着施肥进行，罐中肥料越来越少，浓度越来越稀。罐内养分浓度的变化存在一定的规律，即在相当于 4 倍罐容积的水流过罐体后，90% 的肥料已进入灌溉系统（但肥料应在一开始就完全溶解），流入罐内的水量可用罐入口处的流量表来测量。灌溉施肥的时间取决于肥料罐的容积及其流出速率。

因为施肥罐的容积是固定的，当需要加快施肥速度时，必须使旁通管的流量增

图4-3　旁通施肥罐示意图

图4-4　温室应用的金属施肥罐

图4-5　大棚应用的塑料低压施肥罐

大。此时要把节制阀关得更紧一些。在田间情况下很多时候用固体肥料（肥料量不超过罐体的1/3），此时肥料被缓慢溶解，但不会影响施肥的速度。在流量压力肥料用量相同的情况下，不管是直接用固体肥料，还是将其溶解后放入施肥罐，施肥的时间基本一致。由于施肥的快慢与经过施肥罐的流量有关，当需要快速施肥时，可以增大施肥罐两端的压差，反之，减小压差。

二、文丘里施肥器

同施肥罐一样，文丘里施肥器在灌溉施肥中也得到广泛的应用。文丘里施肥器可以做到按比例施肥，在灌溉过程中可以保持恒定的养分浓度。水流通过一个由大渐小然后由小渐大的管道时（文丘里管喉部），水流经狭窄部分时流速加大，压力下降，使前后形成压力差，当喉部有一更小管径的入口时，形成负压，将肥料溶液从一敞口肥料罐通过小管径细管吸取上来。文丘里施肥器即根据这一原理制成

（图4-6，图4-7）。

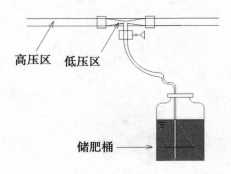

图4-6　文丘里施肥器示意图

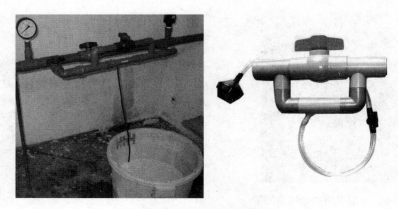

图4-7　文丘里施肥器

　　文丘里施肥器用抗腐蚀材料制作，如铜、塑料和不锈钢。现绝大部分为塑料制造。文丘里施肥器的注入速度取决于产生负压的大小（即所损耗的压力）。损耗的压力受施肥器类型和操作条件的影响，损耗量为原始压力的10%～75%。选购时要尽量购买压力损耗小的施肥器。由于制造工艺的差异，同样产品不同厂家的压力损耗值相差很大。由于文丘里施肥器会造成较大的压力损耗，通常安装时加装一个小型增压泵。一般厂家均会告知产品的压力损耗，设计时根据相关参数配置加压泵或不加泵。

　　吸肥量受入口压力、压力损耗和吸管直径影响，可通过控制阀和调节器来调整。文丘里施肥器可安装于主管路上（串联安装）或者作为管路的旁通件安装（并联安装）。

　　在温室里，作为旁通件安装的施肥器其水流由一个辅助水泵加压（图4-8）。

文丘里施肥器具有显著优点，不需要外部能源，从敞口肥料罐吸取肥料的花费少，吸肥量范围大，操作简单，磨损率低，安装简易，方便移动，适于自动化，养分浓度均匀且抗腐蚀性强。不足之处为压力损失大，吸肥量受压力波动的影响。虽然文丘里施肥器可以按比例施肥，在整个施肥过程中保持恒定浓度供应，但在制订施肥计划时仍然按施肥数量计算。比如一个轮灌区需要多少肥料要事先计算好。如用液体肥料，则将所需体积的液体肥料加到贮肥罐（或桶）中。如用固体肥料，则先将肥料溶解配成母液，再加入贮肥罐。或直接在贮肥罐中配制母液。当一个轮灌区施完肥后，再安排下一个轮灌区。

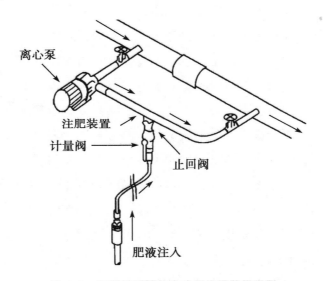

图 4-8　配置增压泵的文丘里施肥器示意图

三、水肥一体化的发展现状

（一）有关水肥需求信息的智能诊断研究现状

在发达国家，信息技术已成为提高农业生产的最有效手段，世界各国学者相继开发了有关节水灌溉方面的专家系统，如滴灌系统中需水信息决策的专家系统，灌溉水质与作物产量间关系的决策支持系统，渗灌技术要素与氮素间关系的决策系统等。COMAX/GOSSYM 是美国最为成功的一个农业专家系统，由美国农业部和全国棉花委员会于 1986 年 10 月研制成功，用于棉花种植者棉田管理措施咨询。它是一个基于模型的专家系统，有一个模拟棉花生长发育过程和水分营养在土壤中传递过程的模型 GOSSYM，能为用户提供施肥、灌溉的日程表、落叶剂的合理施用技术以及棉花生产最佳管理方案等，已在密西西比河三角洲和南卡罗来纳海滨等棉产区应用；到了 20 世纪 80 年代中期，随着专家系统技术的成熟完善，农业专家系统在国际上得到了迅速发展，在数量和水平上均有了较大的提高，功能上已从解决单项问题的病虫害诊断或危害预测或水分管理转向解决生产管理、经济分析、辅助决策、环境控制等综合问题的多个方向发展，尤其以美国、日本和欧洲国家最为突出。1998 年意大利 Jacucci 等开发的用于灌溉管理的 HYDRA 专家系统等；摩托罗拉节水灌溉智能化无线控制系统可以配合使用水肥耦合技术，由摩托罗拉以色列灌溉公司开发的一系列控制软件和设备已被广泛用于以色列和世界上许多缺水的国家和地区。但这类系统都是针对灌溉中某一具体技术开发的，对我国多变化的环境条件和作物种植制度不能适用，而且价格昂贵，不适合在我国推广应用，特别是以作物生长需求为目标的水肥需求智能诊断模型的农业专家系统还较少见。

国内在农业高效用水专家系统方面也进行了一些尝试，武汉大学的沙宗尧和边馥苓在"远程智能诊断与决策支持系统的设计与开发"中写到灌溉诊断与决策、施肥决策针对具体的诊断与决策的空间单元及其种植农作物的现状特征，在领域知识的指导下推理出该单元是否处于水分胁迫状态（诊断结果），并结合灌溉模型给出灌溉结论（决策结果）。但这也只是在理论上讨论，没有实际应用。

2004 年，武汉理工大学机电工程学院的周洋、黄之初等介绍了一种智能微机灌溉系统。通过对土壤湿度、电导率、酸碱度及空气温湿度等信号的采集、实现全自动灌溉。由中央监控计算机通过总线控制各个控制单元，并且内置的给水和给肥专家系统及通过获取的天气信息可全方位地提高灌溉的智能化程度，但是也只是在理论上的分析。

2005 年，张亮、毛罕平、左志宇有关基于计算机视觉技术的温室营养液调控系统研究提出了将计算机视觉技术应用到温室营养液调控中，利用作物的图像信息调整营养液配制参数，按照作物的需求来供应作物的营养液。

2005 年，河北大学质量技术监督学院刘霜、李小亭等进行了滴灌智能化监控系统的研制。综合运用了传感技术、自动检测技术、通信技术和计算机软件技术，实现了对露天或温室灌溉系统的监测管理。该系统有效地解决了水、肥同步的问题，对节约用水和高效用肥提供了支持。但是这只是在温室中进行，一系列产品并未成功研制。

2006 年，华中师范大学邓君丽有关智能施肥灌溉决策系统的设计与实现提出：

研究、开发智能施肥灌溉系统的目的在于提供一种远程智能灌溉及施肥系统，它能根据农田、园林的水位、温度、土壤湿度、光照强度、气候条件等基本信息进行自动采集，系统根据实际情况作出灌溉与施肥的相关决策，控制下位机工作以实现智能施肥灌溉的目的。远程智能灌溉及施肥系统不仅能广泛应用于农田领域的智能施肥与灌溉，而且还可以广泛应用于园林、景观绿地等领域的智能施肥与灌溉。

2008 年，浙江工业大学高峰等人进行了基于茎直径变化的无线传感器网络作物精量灌溉系统的研制。采用基于作物水分胁迫茎直径微变化诊断方法，研发了无线传感器网络节点，并设计了无线传感器网络精量灌溉系统，以适时精确获取作物需水信息，实现精量灌溉。

2008 年，日本大阪府立大学的 YusufHendrawan 和 Haruhiko Murase 介绍了通过整合作物的色彩、形态学特征和 RGB 色彩共生矩阵（CCM）的纹理特征来实现精量灌溉控制。建立一个人工神经网络模型，并提出颜色、形态和结构特征的比较分析，以确定适当的组合图案特点，从而准确预测作物体内的含水量。

2006 年至 2010 年，西安交通大学赵万华、魏正英等学者主持的 863 项目"智能诊断控制灌溉技术"，联合国家节水灌溉杨凌工程技术研究中心、中国农业大学、中国水利水电科学研究院和西安航天远征流体控制股份有限公司开发了在线式作物冠气温差监测系统。该系统能够连续全面地监测作物冠气温差的变化，为作物的精量灌溉提供准确、精细的田间实时数据。采用该系统，进行实时的精量灌溉决策，将能够获取实时、连续的作物冠层温度，提高灌溉管理的自动化程度，实现作物灌溉的"实时"和"适量"。该项目还进行了包含基于温湿度、基于冠气温差、基于图像信息、基于养分信息等的作物农情信息采集系统的研究与应用，并开发了"IPIC 智能化精量灌溉控制系统"和"节水灌溉智能诊断决策系统"。该项目还开发了嵌入式网络化智能诊断控制技术系统，可以根据作物的需要，土壤条件、生育阶段等指标合理计算准确控制，减少由于控制方法和计划结果无法有效落实而带来的水量浪费，同时提高了灌溉系统的自动化、智能化水平，使节水、增产、增收效益最大化。

另外，在精确施肥理论上也有很大的进展。美国根据作物水分蒸发量，研究作物耗水与气象因素之间的关系，进而确定农田土壤水分变化和适宜的灌水期与灌水量。较为广泛地使用地面红外线测温仪，测定作物冠层和叶面以及周围空气温度，确定作物需水量，采用飞机航测和卫星遥测进行监控。澳大利亚等国已大量使用热脉冲技术测定作物茎秆的液流和蒸腾，用于监测作物水分，并提出土壤墒情监测与预报的理论和方法。根据土壤和作物水分状况开展的实时灌溉预报研究进展较快，已提出一些具有代表性的节水灌溉预报模型。营养诊断与推荐施肥综合法（DRIS）在美国、南非、荷兰、澳大利亚、巴西等国施肥诊断中广泛应用，近年在我国也受到重视，如张国庆应用 DRIS 进行甘蔗叶片营养诊断；姜远茂、李辉桃等应用 DRIS 在果树上进行营养状况研究。

（二）有关灌溉系统智能控制方面的研究现状

目前，灌溉施肥已成为一些国家作物施肥的常规措施，以色列的果树、花卉、温室栽培作物和多数大田作物均采用了精量灌溉控制施肥技术，取得了显著的效果。滴灌中通过控制施肥量，可有效地调节作物水分和养分的供应，在我国具有巨大的发展潜力。

西安交通大学赵万华、卢秉恒、魏正英等学者开发了现代农业节水灌溉与精准施肥所需的配套注肥装置，灌溉液浓度和酸碱度通过 EC 传感器和 pH 传感器检测并反馈 PLC 控制系统，通过自控变频调速进行 EC 值与 pH 值动态调节，特别是射流自吸泵变频调速技术的实现，可进行节水灌溉系统的精准施肥灌溉。但只研究了单一的水肥精确灌溉，未考虑作物、气象等信息。

2006 年至 2010 年，西安交通大学赵万华、魏正英等学者主持的 863 项目"智能诊断控制灌溉技术"，进行了温室生产智能控制与管理技术的研究及应用，开发了嵌入式网络化智能诊断灌溉控制系统，该系统主要由三类模块组成：温室嵌入式测控模块，作为温室内计算机代替传统 PC 机以降低成本；智能传感器/执行器驱动模块，采用即插即用的技术设计，用于温室内温湿度、土壤湿度以及营养液 EC 值等参数的数据采集和驱动执行机构（如电磁阀、变频电机、电动闸门）；网络驱动模块，将传感器/执行器驱动与以太网互联，实现数据的通信与交互，使其具备了分布式网络控制功能。该项目还开发出了应用变频调压控制，适应滴灌、喷灌、地面灌等多种灌溉模式控制，最多可控制 11 个分区（11 种灌溉模式）。

水利部西北水利科学研究所引进德国的变频节水先进技术的样机后，在消化吸收的基础上研制开发出了多个系列的变频调速节水节能装置，其中的变频调速器和 PLC 为国外产品。

2003 年，国家节水灌溉杨凌工程技术研究中心在变频调速节能控制技术的基础上开发出多路分区变频调压远程遥控灌溉控制系统，该技术系统已在节水灌溉等多行业得到广泛应用。

2005 年，中国农业大学杨培岭等人开发了分层分布式计算机控制智能灌溉施肥系统，该系统配置多种传感器实时采集植物生长环境因子和监控系统运行状况，通过自主开发的计算机分析软件自动决策灌溉施肥，调控植物生长所需的温、湿、水、肥等条件，实现喷灌、微灌、增湿降温等各种灌溉系统的全自动控制。该系统采用分层分布式结构，优先权控制和施密斯预估控制技术，引入人工智能控制技术，将环境因素、气象因素与控制输出相关联，工业控制计算机和控制器通过数字通信技术，实现双向通信及系统集中数据处理，实现智能化灌溉施肥。

2006 年，桐乡市水利局和桐乡市三精自动化科技有限公司的沈松根、钱国良等在理论上做出了变频调速技术在农业灌溉中的节能效益分析，但是没有将理论转化为实际应用。

宝鸡市水利工程与建设管理处的高惠文针对大棚蔬菜的用水特点和加压滴灌技术应用中存在的问题，根据电动机的变频调速原理，说明了在陕西宝鸡市渭滨区农业增效示范项目中应用变频恒压控制系统调节水泵电机转速，能满足管网不同需水量时压力恒定不变。但没有考虑水肥集合装置的应用。

2006 年，北京理工大学的郝玮琳、彭熙伟等在基于 ARM 的智能灌溉控制系统中，以智能化、自动化、精确化的灌溉和施肥控制作为研究对象，用常规 PID 和补偿纯滞后的 Smith 预估器相结合的控制方法对肥料离子浓度 EC 值进行闭环控制研究。

2006 年，南京航空航天大学自动化学院和江苏大学机械工程学院程月华等设计了设施农业灌溉量控制模型和营养液供给自动控制系统，在针对不同控制方式，分别建立了基于人工神经网络的控制模型和基于多元线性回归的控制模型，并研制了一套基于单片机控制系统，但是只适合于基质栽培中应用。

2007 年，马来西亚玛拉工艺大学的 SHUZLINA ABDUL RAHMAN 和 SOFIANITA MUTALIB 等开发了模糊逻辑水分扩散控制器（FuziWDC），并验证了模糊逻辑控制的优势。研究表明 FuziWDC 尤其在控制水分扩散方面有显著的效果。扩散时间，水分使用量和持续时间等模拟结果将以图形化的形式来通知用户，使用户能更好地提高作物的用水效率。

2008 年，王学峰等人有关阀门控制技术在农田灌溉中的应用研究：采用双稳态触发器及施密特整形电路构成主控电路，继电器及开关电路的合理连接组成直流电动机正、反转的自停机构，由齿轮传动装置构成阀门的开启和关闭，由电路控制和机械传动组成的自动阀门取代电磁阀，具有耐压高、寿命长、维护方便等特点，而且接口电路简单，适合各种形式驱动信号，并能够与计算机、信息传输技术相配套解决输水管道中阀门自动控制问题。

2009 年，施冬梅研究的基于 FPGA 的温室灌溉智能测控系统介绍了一种多参数温室灌溉智能测控系统的纯硬件实现。系统以 Spartan-3A DSP FPGA 为核心，对营养液混合过程中的营养液电导率和营养液酸碱度两个最重要的参数进行实时在线测量与控制，提出采用模糊逻辑控制技术来实现系统的有效控制，给出了基于 Xilinx FPGA /CPLD 开发平台和 MATLAB /Simulink 仿真环境进行 DSP 功能实现的方法和设计流程。

天津市水利科学研究所和天津市水利局农水处的杨万龙和张贤瑞等对温室滴灌施肥智能化控制系统研制，通过试验证明该系统 PH、EC 调节品质好，性能稳定可靠，操作简便，实用性强，可广泛应用于蔬菜、花卉等作物的灌溉施肥智能化控制，并已形成系列化产品，将促进我国设施农业的现代化发展。

开发适合我国农业生产现状的滴灌施肥设备，是应用这一技术的硬件建设，对滴灌设备的研究与开发已引起人们的重视，但与自动灌溉系统相配套的施肥装置的开发，尚未引起足够的重视。

（三）有关分区以及集散控制方面的研究现状

对于分区控制方式，国外发展得已比较完善，在农场形成了灌溉自动化，具有代表性的是摩托罗拉以色列公司开发的节水灌溉无线控制器，可实现灌区内的分区控制，目前已成为批量化的产品。

2006 年至 2010 年，西安交通大学赵万华、魏正英等学者主持的 863 项目"智能诊断控制灌溉技术"，开发了分区自动灌溉控制系统。该系统主要包括灌溉执行模块、智能控制模块、监测模块、接口模块等四个模块，能自动实时更新气象、土壤等数据，并进行智能诊断，根据诊断结果实现分区自动运行。在本地控制的基础上，该系统还设置了手动控制、人工输入控制规则、远程控制等功能，方便用户在各种情况下的使用。通过灌溉示范区的现场调试，采集、控制、灌溉、接口各模块达到设计要求，工作正常。系统可实现根据前端决策结果或者按照用户定制灌溉规则的自动运行。手动、远程通信、无线控制等功能均正常实现。试运行结果表明，该灌溉控制系统功能齐全、操作方便、运行稳定可靠。该系统实现了 Internet 访问、控制、查询，PDA 访问、查询，以及 GPRS 远程遥控等功能。

2006 年，北京工业大学汤万龙等人进行了基于解码器的自动灌溉控制系统的原理及构造研究：解码自动控制灌溉系统是中央控制软件通过解码交换装置对田间解码器发出指令，解码器通过四位或五位编码作出反应，从双线线路获取电流直接激活电磁阀，从而控制灌水器运行的灌溉系统。此系统主要由中央控制器、解码交换装置、线终端箱、解码器及灌水器构成。

2006 年，中国农业大学徐津、杜尚丰、王煦莹等进行了基于 CAN 总线的温室智能控制器的开发，为温室控制开发了基于 CAN 总线的控制器，该控制器支持LCD 显示、键盘、实时时钟、较大容量的程序和数据存储器以及 CAN 和 Ethernet两种通信接口。CAN 的多种工作机制和其优良的性能使该控制器可以更好地实现对输入输出设备的监控，保证温室控制系统的稳定工作。

2009 年，北京林业大学章军富等人基于 GPRS/SMS 和 μC/OS 的都市绿地精准灌溉控制系统的研究，设计了基于 ATmega128 MCU、嵌入式操作系统、全球移动通信系统 GSM、通用分组无线业务 GPRS（General Packet Radio Service）的都市绿地远程精准灌溉控制系统，实现了网络化、智能化的土壤墒情的实时检测，以及历史数据查询、土壤信息及灌溉信息的图表显示，用水报表生成，根据地势、植被不同，生成不同灌溉策略等功能。采用 GSM/GPRS 自主切换技术，结合现代嵌入式实时操作系统 μC/OS，提高了系统的可靠性。

2009 年，浙江大学张伟、何勇等人基于无线传感网络与模糊控制的精细灌溉系统设计：为准确判断作物需水量并确立合适的灌溉控制策略，实现作物的自动、定位、实时与适量灌溉，设计了基于 ZigBee 无线传感网络与模糊控制方法的精细灌溉系统。该系统通过 ZigBee 无线传感器网络采集土壤水势与微气象信息（包括环境温度、湿度、太阳辐射与风速等），并传输灌溉控制指令；结合 FAO56 Penman-Monteith 公式计算农田蒸散量，并将农田蒸散量和土壤水势作为模糊控制器的输入量，建立了多因素控制规则库，实现了作物灌溉需水量的模糊控制。

2009 年，江苏大学的李仁波、朱伟兴等人进行了基于 ARM7 的温室灌溉智能测控仪的设计：仪器以 ARM 为核心单元，对营养液混合过程中的 2 个最重要的参数（营养液电导率、营养液酸碱度）进行实时在线测量与控制。针对灌溉过程中营养液混合系统的时变性、延时性、随机性等特点，提出采用模糊逻辑控制技术来实现系统的有效控制。在一定程度上解决了传统控制方法不易得到系统数学模型，难以对控制系统进行有效控制的问题。

沈阳农业大学和沈阳市水利局的商艾华等针对阜新县水资源紧缺的现状，在综合分析全县气候、土壤、水资源现状、农业种植制度和经济发展水平等因素的基础上，对阜新县节水型农业分区进行了研究，为确保分区指标的科学性、系统性，采用模糊数学聚类分析方法，探讨节水农业的地域分布规律，进行节水农业分区域、分区管理提供有价值的科学依据，但主要是对基础理论进行了研究，还没有应用实际到灌溉系统中。

综上所述可以看出，总体上国内的研究相比于国外在基础理论研究方面差距并不大，主要是技术应用方面，我国在产品的功能、配套以及集成方面，还不够成熟，因此，以实际应用为目标，研究开发适合我国国情的智能诊断控制灌溉系统是发展我国节水灌溉技术迫切解决的问题。

（四）有关信息传输方面的研究现状

2008 年，北京林业大学管金凤等人基于 ZigBee 的传感器网络的节水灌溉控制系统的研究构建了一种基于 ZigBee 无线传感器网络的节水灌溉控制系统，并给出了系统的网络体系结构，重点研究了无线传感器网络的自组网过程；该系统能够监测植物土壤水分的变化，通过无线传感器的反馈数据对植物采取有效的节水灌溉措施。

2008 年，昆明理工大学丁海峡、贾宝磊、倪远平基于 GPRS 和 ZigBee 的精准农业模式采用 GPRS 和 ZigBee 的无线传感器网络技术，提出了精准农业模式中的无线组网实现方案，给出了相应的硬件实现方法和软件流程。该方法通过 ZigBee 无线传感器模块，可采集土壤湿度、氮浓度、降水量、温度和气压等信息，并用 GPRS 发送信息至远程监控中心。监控中心根据信息及时发出控制命令，使农业管理部门或农户及时采取相应措施，从而降低成本，有效地提高农作物产量。

2009 年，江苏大学的冯友兵进行了面向精确灌溉的 WSN 数据传输关键技术研究：从精确灌溉实施的需求出发，结合无线传感器网络（WSN）的特点，以管道式喷灌系统为例，研究面向精确灌溉控制系统的 WSN 数据传输系统，针对数据传输过程中的关键问题进行深入研究，创建一种 WSN 灌区墒情采集的数据传输方法，为实现精确农业信息获取"高密度、高速度、高准确度、低成本"的目标取得了新的进展。通过分析精确灌溉实施需求和 WSN 的特点，从管道式喷灌系统的布置方式出发，结合考虑喷头喷洒域，研究灌区的划分方法，设计一个分层结构的 WSN。

2009 年，国家农业信息化工程技术研究中心和国家农业部农业信息技术重点开放实验室张瑞瑞、赵春江等人进行了农田信息采集无线传感器网络节点设计：基于 ATmega128L 单片机和 CC1000 射频芯片设计了无线传感器网络节点通信电路，并给出了土壤温湿度、电导率传感器、空气温湿度传感器及光照度传感器的选型和指标参数。设计了节点软件系统，描述了一种基于优先级的静态任务调度机制的实现方法，将 S-MAC 中的 SYNC 帧和 RTS/CTS 帧融合并加入了睡眠周期动态调度机制，并实现了全网的长周期睡眠。

2009 年，中国农业大学的蔡义华、刘刚等进行了基于无线传感器网络的农田信息采集节点设计与试验，研究基于 ZigBee 协议的无线传感器网络技术，结合嵌入式处理器开发了无线传感器网络节点和汇聚节点。网络节点规则分布在被监测区域，负责采集土壤水分信息，并自组成网，将信息发送给汇聚节点，实现对信息的动态显示和大容量存储；节点天线分别在 0.5m、1.0m、1.5m 和 2.0m 4 个高度下，对小麦苗期、拔节期和抽穗期 3 个典型的生长时期进行试验，得出无线电信号在小麦不同生长时期，最佳天线高度下的有效传输距离，为无线传感器网络在农业中的应用提供技术支持。

2009 年，西北农林科技大学刘伟、何东健进行了基于嵌入式 LINUX 的远程土壤信息采集系统设计研究：针对大范围分散的农田信息采集中采集系统通信成本已大大高于测控部分的成本和通信已成为制约农田数据采集发展和应用的问题，提出了一种基于嵌入式 LINUX 操作系统下用 TC35 I 无线通信模块实现远程土壤信息采集系统的设计方案。

（五）国内外现有的相关产品现状

爱尔达—祥利（Eldar-Shany）自控技术公司生产的大型农田灌溉计算机控制系统（Elgal Agro）是目前农业计算机控制领域最先进的控制系统，适用于较大面积的农田、农场、果园、草场、公园绿地等自动化节水灌溉项目，能够通过不同的通信方式从任何距离自动和精确地实施灌溉、施肥过程以及过滤器反冲洗、水泵运行等工作，通信方式可使用直接电缆连接通信、电话通信、蜂窝电话通信或无线电传输等。另外，该公司还生产了肥滴佳（Fertigal）、肥滴杰（FertJet）、肥滴美（FERTIMIX）等一系列自动灌溉施肥机。

肥滴佳（Fertigal）自动灌溉施肥机配有先进的 Galileo/Elgal 计算机自动灌溉施肥可编程控制器和 EC/PH 监控装置，可编程控制器中先进的灌溉施肥自动控制软件平台为用户实现专家级的灌溉施肥控制提供了一个最佳的手段。肥滴佳（Fertigal）自动灌溉施肥机能够按照用户在可编程控制器上设置的灌溉施肥程序和 EC/PH 控制，通过机器上的一套肥料泵直接、准确地把肥料养分注入灌溉水管中，连同灌溉水一起适时适量地施给作物。肥滴佳（Fertigal）自动灌溉施肥机能够充分满足温室、大棚等设施农业的灌溉施肥需要。另外，肥滴佳（Fertigal）自动灌溉施肥机配备的 Galilelo/Elgal 可编程控制器也可以编写雾喷、雾化、灌溉排水监控、过滤器冲洗，甚至温室气候控制等自动控制程序，实现温室全方位的综合控制。

肥滴杰（FertJet）自动灌溉施肥机能够执行精确的施肥控制过程，但是本身并没有安装水表阀门、灌溉总阀、调压阀门等水控设备，是一个可以通过旁通管路连接到灌溉系统的施肥机。采用先进的伽利略/爱尔佳（Galileo/Elgal）自动灌溉施肥控制器控制，通过运行控制机器上的一套文丘里注肥器直接、准确地把肥料养分按照用户的程序设定要求注入灌溉系统主管道中。它可以与任何规模的灌溉系统或任何尺寸的灌溉首部简单而快速地相连，不论是大型农田灌溉还是温室灌溉。

肥滴美（FERTIMIX）灌溉施肥机，配置了先进的 Galileo/Elgal 系列计算机控制系统，能够按照用户的要求精确控制施肥和灌溉量。肥滴美自动灌溉施肥机能够将水与营养物质在混合器中充分混合而配制成作物生长所需的营养液，然后根据用户设定的灌溉施肥程序通过灌溉系统适时适量地供给作物，保证作物生长的需要，特别适用于无土栽培。

Dynamax 公司生产的 IL200-MS 灌溉控制系统通过 SM200 土壤湿度检测仪将准确测量到的土壤湿度和植物根系吸水状况反映至控制器，根据相应状况自动设置精确的灌溉量或提示采取相应措施。

以色列 Netafim 公司生产的耐特佳（Netajet）自动灌溉系统采用 NMC-64 控制器，拥有基于灌水量控制或时间控制的 10 个灌溉程序，可以根据总施肥量、时间、肥料的比例和 EC 值或 pH 值进行施肥作业，还拥有过滤器反冲洗装置。

荷兰 Priva 公司生产的 Priva NutriMix 自动灌溉施肥系统能精确跟踪并记录每个阀区所提供的水量和肥量，可根据设定的时间或需水量来控制电磁阀的开关，最多可接 5 个肥料罐，形成两套系统。单独使用能实现温室内灌溉施肥的控制，也可以与温室内其他自动化控制设备结合使用，实现温室整体的自动化控制。

山东莱芜塑料制品股份有限公司生产的自动灌溉施肥器，可广泛应用于温室大棚、果园、园林及无土栽培试验室。其操作形式分为手动和全自动。手动操作简单实用，用户可根据作物的不同生长期，对肥料浓度自行调节控制，施肥时间可以随意延长或缩短。全自动操作是程序化控制，肥料通过肥料泵设置的肥液浓度要求调配均匀，然后，由肥料泵准确、适量地施给作物。同时，通过机器配备的 EC/PH 监控系统，在整个灌溉过程中进行持久的 EC/PH 实时监控。自动调节肥料溶液的注入速度、浓度、流量,以保持灌溉施肥过程的 EC/PH 水平。该系统装置还配有一个自反冲洗过滤器。

重庆恩宝科贸有限责任公司生产的全自动光能灌溉控制器无须电池、市电或太阳能电池板等传统电源即可高标准控制各种灌溉系统。拥有 4 套独立程序,每个程序有 3 个开始时间,可实现混合灌溉。可连接各种传感器使用,更能发挥控制器的强大功能。主要应用于政府形象工程、市政园林项目、高尔夫球场、坡地绿化、高速公路绿化、公园等场所。

中国农业机械化研究院联合多家单位研制的 2000 型温室自动灌溉施肥系统结合我国温室的环境和实际使用特点,以积木分布式系统结构原理,解决了计算机适时闭环控制、动态监测、控制显示中文、施肥泵混合比可调、电磁阀开度可调等关键技术问题。该系统具有手动控制、程序控制和自动控制等多种灌溉系统模式,可按需要灵活应用。

天津市水利科学研究所研制的温室滴灌施肥智能化控制系统主要用于现代温室,日光温室作物的灌溉营养液施肥,环境监测的智能控制,采用世界先进的可编程序控制器和触摸屏控制技术,性能可靠、功能齐全、人机界面友好、操作简单、价格低廉,此控制系统的控制流量为 $15m^3/h$,控制规模为 $1\sim2hm^2/h$,能控制 24 路阀门,系统具有人工干预灌溉施肥功能,定时、定量灌溉施肥功能,条件控制灌溉施肥功能。

北京澳作生态仪器有限公司的澳作智能节水灌溉控制系统可与各种滴、喷灌系统连接,实时监测土壤墒情,根据要求自动灌溉。控制方式灵活,手动、半自动、全自动任选且可随意在计算机上更改,可同时控制多个设备,受控区位置及形状,环境参数及设备状态可同时显示在中心计算机上。

北京奥特思达科技有限公司研制的 WT-02 型微喷灌定时自动控制器,是一种供农业、草坪、果园、温室一般场合给水的电子灌溉自动控制系统。

北京农业信息技术研究中心研发的肥能达在 Green-ARM 可编程控制器控制下通过文丘里注肥器按用户施肥要求按比例注入灌溉系统,实现大量多种肥料的配比施肥。肥池液位实时监测缺料报警功能,配有计算机分析软件,能旁路安装,体积小质量轻。

上海绿盟园艺设备有限公司生产的 AED 自动施肥机利用伽利略自动灌溉施肥可编程控制器控制 3 个到 5 个文丘里注肥器,准确、直接地把养分按照用户的程序设置注入到灌溉系统管道中,可连接温室湿度、温度等集成可控制系统,执行精确的施肥控制过程，适用于任何规模的灌溉系统或温室灌溉。

四、现阶段研究内容

1. 基于 KBE 的专家系统研究

KBE（Knowledge Based Engineering），即基于知识的工程，其关键技术包括知识的获取、知识表示、知识推理和知识重用，通过知识的继承、归纳、集成、运用和管理，建立各种异构知识系统和多种描述形式知识集成的开放设计环境，并提高创新能力的现代设计方法。

在基于 KBE 的灌溉智能决策系统中（图 4-9），通过知识获取和表示从知识管理系统中获取植物需求灌溉方式等相关信息，建立知识库并存储与计算机中，根据已有的知识库推导出近似于专家设计控制的思想和方法，基于长期灌溉经验的总结，并通过学习不断更新，能够智能决策出灌溉量和灌溉时间，因此其具有智能性和自学习性。

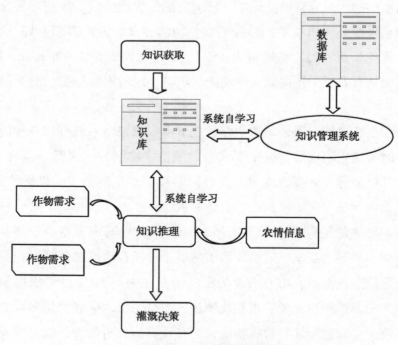

图 4-9　基于 KBE 的灌溉智能决策过程

作物需肥量的确定，目前尚没有成熟的计算公式，但可根据作物的生长需求和已获取的作为当前的养分信息，依据专家经验，确定作物的需肥量。

在上述理论研究基础上，开发出作物需水需肥智能灌溉决策支持软件。

2. 灰色预测算法研究

在普通 PID 控制器基础上添加灰色预测控制和模糊逻辑控制功能，并在灰色预测控制器的输出端"预测误差"处引入一个自适应调节因子（权重因子）x，组成新的自调节灰色预测模糊 PID 控制器（图 4-10）。引入的自适应调节因子 x 可以在灰色预测 GM 模型的预测精度不高时减小预测误差值在控制器中的权重（比例），而当灰色预测 GM 模型的预测精度较高时增加预测误差值在控制器中的权重（比例），以减小预测带来的误差对系统的影响，提高控制的精确性。

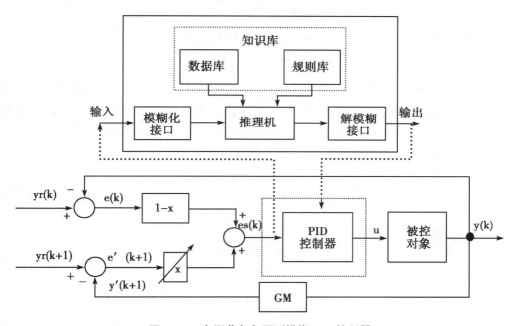

图 4-10 自调节灰色预测模糊 PID 控制器

在此将灰色预测控制与模糊逻辑控制相结合建立灰色预测模糊控制器，将多路传感器输入的土壤湿度信号，经过数据处理，得到一个反映土壤湿度的数据作为输入值，输入值与标准值比较，得到输入偏差 e，若 e>0 则土壤湿度大于最佳湿度，即土壤不缺水，系统不输出灌溉信号。若 e<0，用偏差 e 和模糊控制规则 R，根据推理的合成规则进行模糊决策，得到模糊控制量 u，即 u=e×R，然后将模糊控制量 u 转换为精确值，去控制执行机构。采用灰色系统理论与控制理论相结合的灰色预测控制方法，通过系统行为数据系列的提取寻求系统发展规律，从而按规律预测系统未来的行为，并根据系统未来的行为趋势确定相应的控制决策进行预控制，这样

可以做到防患于未然和及时控制。另外，可将事先预测出的系统输出误差与系统当前输出误差结合起来组成系统综合误差，代替传统反馈控制方法中的实际误差项，实现水、肥精准精量控制。

3. 远程控制系统设计

农情信息的采集的初级传输使用 ZigBee 模块，远程数据传输使用 3G 无线通信模块。由于 ZigBee 模块具有低功耗、低延时、低价格、组网灵活、较高的数据吞吐量、一个 ZigBee 模块可覆盖近一亩地的面积。故通过 ZigBee 无线传感器模块采集土壤湿度、氮浓度、降水量、温度和气压等信息，采用组网的方式将数据发给一个 zigbee 终端，将数据转化后由 3G 无线通信模块统一打包发送信息至远程监控中心。监控中心根据信息及时发出控制命令，使农业管理部门或农户及时采取相应措施，从而降低成本，有效地提高农作物产量。

利用移动运营商提供的 3G 无线网络与 ZigBee 局域网络互联实现智能灌溉的远程启停控制及对灌溉系统工作状况的监测是实现现代化控制的一个重要方向（图4-11）。也为智能灌溉远程监控系统提供了一个优秀的数据传输方式和工作平台。

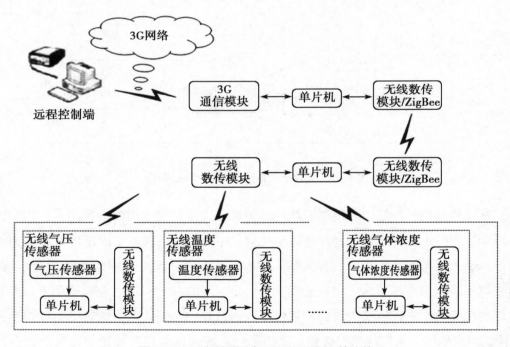

图 4-11 远程控制端与 3G 和 ZigBee 的连接

根据不同灌溉方式（滴灌、喷灌和地面灌）和不同系统控制对象，采用上述研究的最适宜的特定控制策略，开发针对不同灌溉方式的系列化自动灌溉控制系统。同时针对不同地块、不同作物所采用的不同灌溉方式，采用特定自动灌溉控制系统，应用变频控制技术，实现分区域、多路变频的集中或分散控制，并且实现灌溉系统的手动（远程电话、无线遥控、远程网络）、自动等控制功能，以满足不同场合下的控制需求（图4-12）。

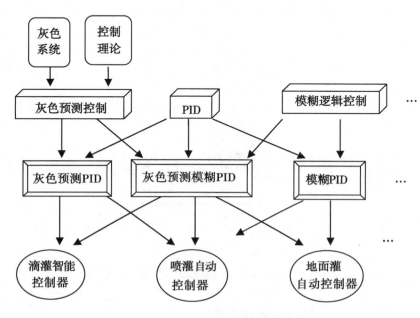

图4-12　不同灌溉方式的自动专用灌溉控制设备开发

第三节　植保机械

植物保护机械简称植保机械，主要用于化学药剂防治作物病虫害，它包括农林业生产中用于防治病虫害和化学除草的各种机具；也用于电方法防治作物病虫害。根据施用化学药剂的方法，植保机械的种类分别为喷雾机、弥雾机、超低量喷雾机、喷粉机和喷烟机等。目前温室大棚中常用的植保机械有：背负式喷雾机、常温烟雾机、热烟（水）雾机、电子杀虫灯、介电吸虫板、土壤连作电处理机、温室病害臭氧防治机等。

（一）背负式喷雾器工作原理与维护

有手动和机动之分。

1. 组成（以工农-16 型喷雾器为例，见图 4-13）

该机主要由药液箱、活塞泵、空气室、胶管、喷杆、开关及喷头等组成。

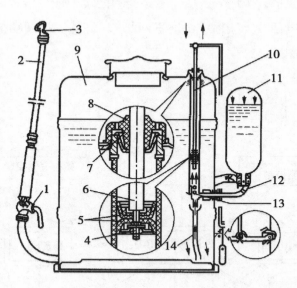

1-开关；2-喷杆；3-喷头；4-固定螺母；5-皮碗；6-塞杆；7-毡圈；8-泵盖；9-药液箱；
10-泵筒；11-空气室；12-出液阀；13-进液阀；14-吸液管

图 4-13　工农-16 型喷雾器工作原理示意图

2. 工作原理（以工农-16 型喷雾器为例）

工作时，操作人员上下按动摇杆，通过连杆机构的作用，使塞杆在泵筒内作往复运动，行程为 $60 \sim 100 mm$。当塞杆上行时，皮碗从下端向上运动，在皮碗下面，由于皮碗和泵筒所组成的腔体容积不断增大，因而形成负压，药液箱内的药液在压力差作用下，冲开进液球阀，沿着进液管路进入泵筒，完成吸液过程；当皮碗从上端下行时，泵筒内的药液开始被挤压，药液压力增高，进液阀关闭，出液阀被压开，药液即通过出液阀进入空气室；空气室内的空气被压缩，并对药液产生压力（可达 $800 kPa$），空气室具有稳定压力的作用。打开开关后，药液经过喷头喷射出去。

3. 使用维护

背负式喷雾器除严格按照产品使用说明书的要求进行使用维护外，还应着重注意以下几点：①工农-16 型等喷雾器上的新牛皮碗在安装前应浸入机油或动物油（忌用植物油），浸泡 24 小时。向泵筒中安装塞杆组件时，应注意将牛皮碗的一边斜放在泵筒内，然后使之旋转，将塞杆竖直，用另一只手帮助将皮碗边沿压入泵筒内，就可顺利装入，切忌硬行塞入。②根据需要选用合适的喷杆和喷头。NS-15型喷雾器有几种喷杆，双喷头T形喷杆和四喷头直喷喷杆适用于宽幅全面喷洒，U形双喷头喷杆可用于作物行上喷洒，侧向双喷头喷杆适用于行间对两侧作物基部喷洒。空心圆锥雾喷头有几种孔径的喷头片。大孔的流量大。雾滴较粗、喷雾角较大；小孔的相反，流量小、雾滴较细、喷雾角度小。可以根据喷雾作业的要求和作物的大小适当选用。③在NS-15型喷雾器的T形直喷喷杆上安装110°狭缝喷头时，喷嘴上的切槽要略微偏转与喷杆轴线约呈5°角，这样可使相邻喷头的雾流互不撞击。作业时要注意控制喷杆的高度，使各个喷头的雾流相互重叠，整个喷幅内雾量均匀分布，适合在全面喷施除草剂时使用。④背负作业时，应每分钟揿动摇杆18～25次。操作工农-16型、长江-10型喷雾器时不可过分弯腰，以防药液从桶盖处溢出溅到身上。⑤加注药液，不许超过桶壁上所示水位线。如果加注过多，工作中泵筒盖处将出现溢漏现象。空气室中的药液超过安全水位线时，应立即停止打气，以免空气室爆炸。⑥所有皮质垫圈，贮存时应浸足机油，以免干缩硬化。⑦每天使用结束，应加少许清水喷射，并清洗喷雾器各部，然后放在室内通风干燥处。⑧喷洒除草剂后，必须将喷雾器，包括药液箱、胶管、喷杆、喷头等彻底清洗干净，以免在下次喷洒其他农药时对作物产生药害。

（二）常温烟雾机

1. 用途
常温烟雾施药技术是利用空气动力学流体力学等原理，在常温下把药液破碎成超微粒子，在保护地内充分扩散，长时间悬浮，对病虫进行触杀熏蒸，达到消灭病虫害的目的。

2. 组成（图4-14）
它是由空压机系统、喷射系统、升降支架、电气箱等四大部分组成的。其中，空压机系统就是将空气进行机械压缩成为高压空气，为喷射系统提供动力；喷射系统就是执行药物喷射任务，将药物以雾滴形式喷上作业区；升降支架主要负责支撑喷射系统，它的高度根据施药对象来调节；电气箱通过控制面板插座的插头与其他部分相连接。在由操作面板完成对喷药过程的控制；使烟雾机的操作部分实现药物的雾化首先要有稳定的高速气流作为喷雾动力。

3. 常温烟雾机的工作原理
当打开空压机开关后，电机高速旋转，为空压机提供动力，空压机的正常工

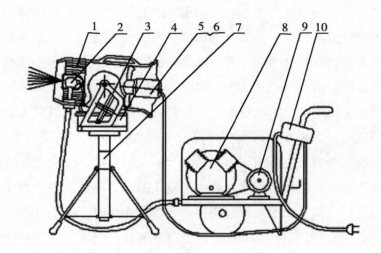

1-喷筒及导流消声系统；2-喷头及气、液、雾化系统；3-支架；4-药箱系统；5-轴流风机；
6-风机电机；7-升降架；8-空压机；9-空压机电机；10-电气控制柜

图4-14　常温烟雾机结构示意图

作会产生高速气流，这些高速气流通过车架底座稳压和降温以后，一方面通过管道一方面压力表，用来显示压力；另一方面与喷射系统相连接，为喷射系统提供动力。

在喷射系统中这些高速气流小部分通入药箱搅拌药液；大部分进入喷头，大部分高速气流首先进入喷头旋涡室、因为喷头旋涡室呈旋涡状，所以、气流喷口喷出室，会形成空形、锥状高速旋转气流，这些气流喷出同时，在锥间小空间形成真空细粒，真空细粒将药液从药箱中吸上直到锥间出，然后，药液被高速旋转气流刺裂切割成雾滴直径为 $25\mu m$ 的烟雾流并向周边喷射。

风机吹出的风通过整流扇以后形成大量的气流，这些气流会将烟雾流扩散风速呈直径 6m 左右的大量烟雾并均匀地吹到更远的地方。

4. 使用方法

（1）配药方法。施药之前，首先要配制药液，只用常温烟雾机配药，不需要特别的药剂，常见的乳剂和水剂药液都可以使用，确定药液后，还要通过计算后，确定配水量；现在我们已确定了放置药液，取要 100mL 的药剂，由于使用单烟雾机配药时稀释比不少于15，也就是说，加入的水不少于 1 500mL 就可以了。为了计算方便，我们加入了 1 500mL 的水，这样配制好的药液是 1 600mL 了。最后配制好的药液倒入特制的加液器中。

（2）喷药方法。烟雾机施药前，首先对机器进行安装和放置。将升降支架放在离棚门6～8m处，确保升降支架与地面接触平稳；将喷射装置在升降支架上安装牢固。主机与喷射装置连接。为了达到最佳喷药效果，调节喷头的仰角。再通过升降支架，调节喷头高度。喷头的仰角和高度根据作物的高度而定（注意：这时的板摇开关是打开的，药液的黏度不同，开量不同）。

完成对机器的安装和放置后，就可以加放药液。将配好的药液，倒满药液箱后，就可以连接电源，准备喷药了。该烟雾机使用的是220V交流电，这时一定要注意要保持棚室密封状态，不得有漏风。

控制喷药。首先检查电源指示灯是否亮，电源指示灯为红色，表明有电，可以打开风机开关，蓝色指示灯亮，由于还没有开空压机，此时的压力表针指示为零。风机开始工作后，要检查风机是否工作正常，如果电压不稳或电路其他问题，风机不能正常运转，要及时查找原因；风机运转1min左右后，打开空压机开关，黄色指示灯亮，压力开始上升，将压力控制在0.3～0.4MPa，这样，机器就可以正常喷药。

喷药时间。喷雾机喷雾的是直径25μm的烟雾流，这种烟雾流在密闭空间中悬浮了2～3h。因为棚内种植的大量作物，烟雾流会大部分附着于作物表面达到分布均匀而且附着良好；喷施20min后，我们可以就关闭机器了。

关闭机器时，首先关闭空压机，让风机再工作3～5min以后关闭。这样可减少喷射系统周围的药液浓度，减少对操作者的伤害。将风机关闭后，切断电源，这时操作者可进入棚内拆卸该装置了。（要注意的是，操作者必须穿着长袖、长裤，戴罩，才能进入棚内），拿药箱时，先拔下输气管，再拔下吸液管。尽量保持药箱平稳，防止有剩余药液接触到人身上，这样就完成了喷药任务了。

5. 常温烟雾机的保养方法

当日喷药完了以后，进行简单的日保养。清除喷雾机管道及喷头剩余药液，将吸液管拔离药箱，置于清水瓶内，喷出清水时会重新喷到输液管道和喷头口；大约5min以后，用拇指压住喷头毛孔，使高压气流反冲液管；水液完全喷出后，就完成清洗了。

清洗药箱：如果药箱内有剩余药液，将药液倒入其他瓶内，往药箱中倒入一定量的清水，清洗滤网和药箱，这样就完成了药箱清洗。

排放底座中压缩空气及水液：将底座下螺母拧下，可以打开空压机，直到液体全部流出，拧上螺母就可以。用湿抹布擦净机具外表的药液，但是抹布用水不要太多，否则会导致电器进水。

常温烟雾机主要用于设施农业棚室内农作物的病虫害防治，进行封闭性喷洒（包括玻璃温室、塑料大棚等室内种植的蔬菜、瓜果、花卉、树苗等病虫害防治）。

常温烟雾机（图4-15）与传统植保机具相比，具有以下特点：①喷雾作业时人机分离，便于操作，安全可靠，避免农药中毒。②农药利用率高，喷出的烟雾雾滴平均粒径为20μm，缓慢沉降，能较均匀附着到植物各处，尤其在密集型作物中防治效果显著。③省药省水，由于减少施液量，不增加棚室内湿度，避免了因过湿而诱发二次病虫害，对预防霉烂病更有效，阴雨天仍能使用。④工作时无须加热，农药没有热分解损失，具有较宽的药谱。

3TC-70D型常温烟雾机

常温烟雾机棚室喷雾作业

图4-15 常温烟雾机

（三）电子杀虫灯

1. 工作原理

杀虫灯是根据昆虫具有趋光性的特点，利用昆虫敏感的特定光谱范围的诱虫光源，诱集昆虫并能有效杀灭昆虫，降低病虫指数，阻断了害虫的生殖繁育链，防治虫害和虫媒病害的专用装置。

杀虫灯也是养殖业收集高蛋白饲料喂养食虫动物，降低饲料成本，提高产品品质的养殖机械。

2. 组成

电子杀虫灯的主要组成部件如图4-16所示。

3. 分类

电子杀虫灯按照使用电源可分为交流电电子杀虫灯、直流电电子杀虫灯、太阳能电子杀虫灯。

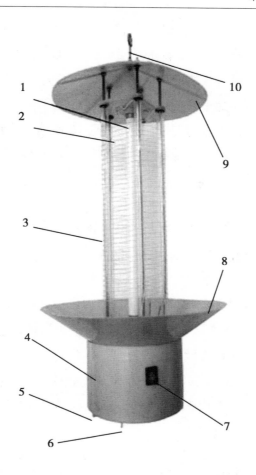

1-诱虫灯管；2-高压电网；3-绝缘柱；4-电器盒；5-漏虫口；6-电源线；7-电源开关；8-接虫盘；9-雨风帽；10-吊环

图4-16 电子式杀虫灯

4. 使用方法

3DS—15型电子式杀虫灯为高电压小电流的小功率产品，每次放电量虽小于人体耐受限值但误触时易引起人体的间接伤害，故应严格按照操作程序进行安装和使用。

①将箱内吊环紧固在顶帽的圆孔内旋紧，杀虫灯电源线必须采用防水线连接。②按照杀虫灯作业范围和布设规范、安全要求制作横担，横担距地面2.3m。③多灯布置时，各灯之间的距离一般保持在120～150m。④架线：要根据使用灯的数量，选择好AC220V/50HZ，然后采用顺杆架空线路，线杆的位置与灯的布局位置相符。没有线杆的地方要用高2.5m以上的木桩作为临时线杆，绝不能随意拉线，

以防意外事故发生。⑤灯群线径的选择：铜芯线不能低于 1.0mm²，铝芯线不能低于 2.5mm²，线径过细会导致线电阻和压降增大，使灯不能正常工作。如果离变压器较远，且每条线路的灯数又较多，为防止电源波动最好使用三相四线制的架线方法。⑥探照灯的指示电压接通电源后闭合电源开关，指示灯亮，经过 20s 左右整灯进入正常工作状态。⑦开灯和关灯时间因地而异。⑧使用、检查人员必须做到：a. 线接好、灯亮、杀虫网可放电，接虫袋子挂接牢固；b. 看线、试灯、验高压、网线干净、无短路。

5. 安全注意事项

3DS—15 型电子式杀虫灯电路属于容性放电电路，每次放电量约在 2.5J，易引起可燃气体燃烧，故本灯禁止用于加油站、油库、沼气池、煤气塔、面粉厂等易燃场所附近。

①灯下禁止堆放柴草等易燃物品。②接通电源后切勿触摸杀虫网电极网，且接虫口距地面 1.5m。③每天都要清理一次接虫袋和杀虫网的污垢，清理时一定要切断电源，顺网横向清理。④雷雨天气不要开灯。⑤出现故障后务必切断电源进行维修。⑥为保证 3DS—15 型电子式杀虫灯的正常使用，并发挥出最佳性能，更换配件时请务必选用我单位生产的专用配件。

6. 收灯与存放

过季收灯后，将灯擦干净再放入包装箱内，放置于通风干燥处。如包装箱损坏，请将杀虫灯吊于室内保管。

装车或运输时一定要按照包装箱上的标志装车，严禁平放或倒置。仓库要阴凉干燥，叠放高度不得超过四层。

7. 杀虫灯的安全性

为了杀虫灯能安全高效地工作，必须采取多种方法，防雷击、防雨水、露水造成高压杀虫网短路、防高压杀虫网误伤人畜、防杀虫灯漏电造成触电事故等，把安全隐患降低到最低程度。湿度过大时，为了防止高压杀虫网短路损坏电子部件，电火花烧坏灯体，国家已制定标准，必须安装湿度感应器控制杀虫灯在湿度大于 95%RH 时使其自动关闭，进入自我保护状态，保护杀虫灯安全。

8. 杀虫灯的工作效率

杀虫灯的工作效率主要决定于诱虫光源的性能、杀虫灯工作时间和害虫活动时间的吻合程度。在诱虫光源确定以后，杀虫灯工作时间和害虫活动时间的吻合程度就成为提高杀虫灯工作效率的决定因素。

执行国家标准 GB/T24689.2—2009《植物保护机械频振式杀虫灯》的杀虫灯，在害虫活动时但湿度大而非降雨天气（如湿度大于95%RH而未下雨时、雨过天晴空气湿度未下降时、露水开始凝结时）很多害虫非常活跃，杀虫灯为了保护自身安全却不工作了，降低了杀虫灯工作效率。如果高压杀虫网在降雨时也正常安全工作；但降雨时害虫一般都停止了活动，浪费了能量，太阳能杀虫灯还会缩短连续阴雨天气的持续正常工作的时间，也会降低工作效率。

9. 杀虫灯的自动控制技术和安全高效自动控制系统

（1）杀虫灯自动控制技术内涵。为了实现杀虫灯安全、高效地工作，对杀虫灯自动控制技术提出了更高要求。杀虫灯的自动控制包括两个方面：工作控制和安全控制。①工作控制：包括按工作需要自动开启和关闭、正常情况下太阳能杀虫灯供电系统自动充电和放电。②安全控制：包括防雷击、防雨水、露水造成高压杀虫网短路、防高压杀虫网误伤人畜、防杀虫灯漏电造成触电事故等。

（2）杀虫灯安全高效自动控制系统。针对执行现行国家标准存在杀虫灯的安全性和工作效率的矛盾，现在新型的杀虫灯安全高效自动控制系统，由电子控制子系统和物理控制子系统结合，对杀虫灯进行双重保护，实现杀虫灯工作和害虫活动同步；既确保杀虫灯安全工作，又确保杀虫灯工作效率，延长连阴雨天气的持续工作时间；大大提高杀虫灯工作效率和安全性。

（四）热烟（水）雾机

1. 基本原理

烟雾机是一种以喷射式汽油发动机为动力源的新型施药、消毒杀菌机器。烟雾机工作时，喷射式产生的高温高压气流从喷管处高速喷出，打开药液阀后，供药管路将烟雾剂与农药混合的药液压送到烟化管内与高温高速气流汇合，在相遇的瞬间，药液被击碎、烟化成烟雾从喷管中喷出。

2. 组成

烟雾机主要由一台喷射式汽油发动机和供油系统组成。具体结构如图4-17所示。

3. 使用前的准备工作

正确安装好电池，并将电池盒盖用螺钉拧紧。

烟雾机使用纯净的90号汽油作为发动机的燃料，汽油不可加得太多。一般不得超过0.9L，加完油后，旋紧汽油箱盖，使其密封良好。

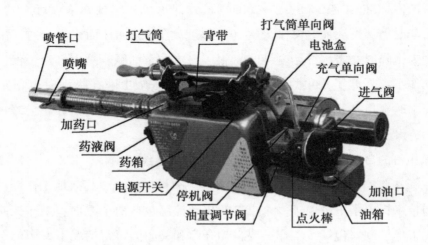

图 4-17 热烟雾机

按照要求配制混合药液，向药箱内加注混合药液时不可加得太满，一般不要超过药箱容积的 2/3。加完混合药液后，旋紧药箱盖，使其密封良好。

4. 启动方法

（1）启动机器前应特别注意以下四个方面的问题。烟雾机严禁在易燃易爆场所使用；烟雾机的喷口不准对准人和易燃物；烟雾机附近不准有明火；药阀必须处于关闭状态。

（2）启动烟雾机可按如下步骤进行操作。首先打开电源开关（此时能够听到火花塞的点火声音）；同时以适当的速度抽拉气筒几次，机器即可启动起来；机器启动起来后，应关闭电源开关。

5. 喷烟雾

机器启动后运行升温 1～2min 就可喷烟雾；需要喷烟雾时，只要打开药液阀就可以了；如要停止喷烟，只要关闭药液阀就好了。

6. 关机

如果机器在运行中需要停止喷烟一小段时间，可以不关闭发动机，只需关闭药液阀即可；如果确要关闭机器，则一定要先关闭药液阀，等到机器喷口没有烟雾喷出时再关闭发动机。关机时，只要按下关机手轮并保持几秒钟即可。（说明：在关机时，当机器停止运行后，应继续保持按下状态几秒钟，以使汽油箱内的压力完全泄完）。关机后，要拧松药箱箱盖，使之完全泄压，然后再把药箱盖拧紧，以备下次使用。特别是在烈日下使用，更要注意这些要求。

7. 使用注意事项

操作人员必须经过培训，一定要穿戴好防护用品。

严禁在易燃易爆的环境下使用该机器；机器运行时，燃烧室的温度很高，外防护罩也有较高的温度，手和衣物不得接触这些部位，以免发生烫伤。

操作机器时附近不得有明火。

特别注意的是：必须停机 10min 以后再添加汽油，否则容易发生事故。

室内包括塑料大棚喷烟时，要熄掉所有火源，关闭所有电源；喷烟不能过度，否则容易发生火灾；喷烟结束后，机器不能留在室内；人进入室内时一定要打开门窗通风，以防中毒。

机器在使用过程中，应尽量保持水平，若需要低头或仰头时，角度不能太大，一般不要大于 60°。

一定要记住：停机前一定要首先关闭药液阀，待无烟雾喷出后再关闭油门停机。当遇到意外突然自动停机时，要首先立即关闭药液阀，拧松药箱盖，放出药箱内的压缩空气。启动时，应确保药阀处于关闭状态。药阀除正常喷烟时开启外，其余时间一律关闭，严禁随便开启，以免发生着火现象。当不使用机器时应及时旋松药箱盖，以放出其中的压缩气体。特别是在烈日下工作时更应注意这一点。

8. 保养

使用后要把没有用完的药液放出来，否则，时间长了药液会使药箱和输药管等零件提前老化、腐蚀、减少寿命，甚至会使管路堵塞，使得来年或下一次无法正常使用。

使用后要把没用完的汽油放出来。

使用一段时间后，如发现油箱或药箱内有沉淀物或脏物，应及时清洗。

烟雾机使用一段时间后，如发现燃烧室喷烟口、药液喷嘴和火花塞发火处有积碳，应进行清理，因为积碳的增厚对机器的性能是有影响的，特别是当火花塞发火处积碳较厚时，将会严重影响机器的启动性能，更应及时进行清理。

如果长时间不使用机器，应及时把电池取出，以免电解液流出损坏电极板。

如果长时间不使用机器，应将机身擦拭干净，放入原包装箱内，然后保存在干燥的室内。绝对不可将机器放置在阳光下暴晒或放置在露天经受雨淋。

目前，又新出了一款既能喷烟雾又能喷水雾的烟雾水雾两用机（图 4-18），其工作原理和结构同常规烟雾机基本相同，不同之处是药液箱中农药的载体：如果喷烟雾用烟雾剂或柴油，喷水雾则用水。

图 4-18　烟雾水雾两用机

（五）土壤连作障碍电处理机

1. 概述

近年来，由于设施栽培（温室、大棚）的普及，土壤连作障碍日趋严重。土壤连作障碍是指同一作物在同一地块连年（3～4年）种植所产生的产品产量和品质下降的现象。人们寻求通过优选种植品种、轮作、土壤消毒等措施来消除土壤连作障碍。对设施栽培而言，土壤消毒是一种比较可行的消除土壤连作障碍的方法。目前，土壤消毒有电消毒、热消毒、药剂消毒、生物消毒等多种方法。其中，电消毒就是利用电直接作用于土壤对其进行消毒，或使用电处理过的水、空气对土壤进行消毒。土壤连作障碍电处理技术属于对土壤进行电消毒的范畴。土壤连作障碍电处理机就是应用电处理技术对土壤进行电消毒的机具。

2. 技术原理

土壤连作障碍电处理技术是将可实现脉冲电压电流的电路施加于埋设在耕层土壤内的电极线上，在具有直流性质的脉冲电流作用下，土壤及电极线发生了一系列电化学反应，达到土壤消毒的目的。依据的原理是：直流电流土壤相消毒原理、土壤微水分电处理原理、脉冲电解原理。在微水分条件下，对于土壤害虫，该机主要通过脉冲电流进行杀灭，而病菌、病毒主要通过土壤水分电解产生的氧化性气体，比如酚类气体、氯气和微量原子氧进行灭活的；根系分泌的有毒有机酸主要是通过电极附近产生的电化学作用消解的；土壤盐化和碱化离子的消除主要是通过电极附近发生的氧化还原作用进行的（图 4-19）。

下面以大连农机化所研制的 3DT 土壤连作障碍电处理机为介绍组成、维护等（图 4-20）。

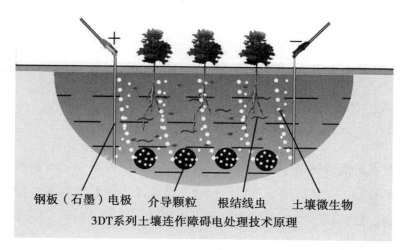

钢板（石墨）电极 　介导颗粒 　根结线虫 　土壤微生物
3DT系列土壤连作障碍电处理技术原理

图 4-19 　土壤连作障碍电处理技术原理

图 4-20 　土壤连作障碍电处理机组成

3. 组成

包括主机、电缆线、电极夹、电极板等。

4. 适用范围

该机适用于：温室、大棚、露地土壤的病虫害、根系有害分泌物、土壤物理性缺素症等连作障碍的克服处理，土壤改良，特别是盐碱地的改良。

其处理采用固定电极式和移动电极式两种处理方式，主机可手提自由移动。精细处理时每小时可处理 $200\sim667m^2$，粗放处理时每小时可处理 $667m^2$ 以上。

5. 维护

非使用期应保存在干燥、遮阴之处，严防锈蚀。

铜件表面应经常性涂抹黄油，防止铜锈产生。

6. 安全注意事项

由于土壤处理采用了安全电压以上的电压，因此，严禁处理过程中人员步入处理电极布设现场。

误入时，当有麻的感觉时应迅速跳出处理区域或单腿跳离或喊叫他人关掉电源。

处理过程中不得同时手触两极。

（六）温室病虫害臭氧防治机

1. 用途

病虫害臭氧防治机能够按需要定时定量产生臭氧，在不伤害植株的情况下，达到灭菌消毒的目的。主要解决冬季温室植物产品生产中诸如灰霉病、霜霉病等气传病害以及疫病、蔓枯病等部分土传病害的防治问题。适用于蔬菜、花卉、果树等植物温室使用。

2. 工作原理

病虫害臭氧防治机通过对抽入机内的空气进行高压放电而使空气臭氧化，臭氧化的空气又通过机内气泵泵出，并沿铺设在温室空间的塑料喉管均匀地扩散出去。

环境中温度、湿度、空气成分等因素对臭氧杀菌效果都有显著影响，温度越高杀菌效果越差。棚温在30℃以上的白天，臭氧灭菌几乎无效，因此，夜晚，阴天使用效果好。湿度的影响要复杂得多，高湿有光照的防治效果较高湿无光照的效果差。

在高压放电激活空气产生的特殊气体物质中，除了含有大量的臭氧以外，还含有氮氧化物。氮氧化物可作为植物所需的氮肥使用，这是使用病虫害臭氧防治机可不必再增施氮肥的缘故。

3. 组成

病虫害臭氧防治机由臭氧主机、进气管（可省掉）、扩散管、控制器3大部分组成，其中臭氧主机由臭氧发生本体、气泵等组成。如图4-21、图4-22所示。

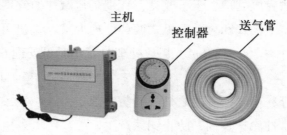

图4-21 温室病虫害臭氧防治机组成

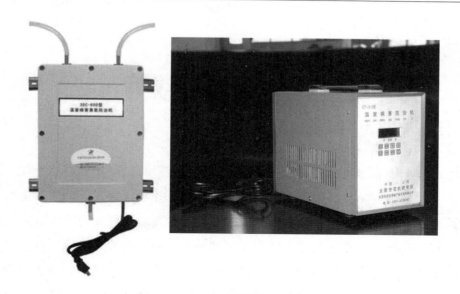

图 4-22 温室病虫害臭氧防治机

4. 操作与使用

病虫害臭氧防治机为自动工作设备。安装好后接通电源即可进入日复一日的自动循环间歇工作状态。当温室扒缝通风时或揭棚后，臭氧防病无效，应关机。

5. 安装与使用方法

臭氧主机一般挂在温室中央避阳的后墙上。两扩散管一端与臭氧主机的排气口相接，并向温室两侧延伸，此时一边拉一边应按每 3m 一孔在管上烫孔，孔径约为 5mm。主机下端的进气管（可省掉）通向温室外，其口向下，以防雨水进入。

6. 维护及故障处理

病害臭氧防治机可能发生的故障：①控制器、气泵工作正常但扩散管出口无臭氧味。臭氧管或高压电源老化坏掉，须由专业人员负责更换新的配件。②控制器指示灯不交替发光，须更换新的控制器。

7. 注意事项

苗期开始使用可显著预防全生育期气传病害的发生，生长中期使用可在一个月内显示效果。特别提示：在黄瓜生长中期使用时，臭氧可先使黄瓜病害加重（光合作用受到抑制），但到了 20～45d 及以后，瓜秧适应臭氧环境后，病害开始显著减少，后期生长旺盛且无病害。

冬季长期使用时，臭氧输送管内易积水，且因臭氧氧化空气含有氮氧化物，日积月累积水就会形成强硝酸，放流时应格外注意，不要溅洒在身上或植株上。

第五章　通风降温设备

　　温室是一个依靠透光材料覆盖、围护构成的与外界相对隔离的特殊空间，是一个闭、开可控的半封闭系统，它便于太阳光能射入，并伴以通风、降温等多种手段的综合运用，可创造出适于作物生长并优于室外自然环境的可调控的环境条件。

　　温室环境控制是在充分利用自然资源的基础上，通过改变环境因子如温度、湿度、光照度等来获得作物生长的最佳条件，从而达到增加作物产量、改善品质、调节生长周期、提高经济效益的目的。环境调控机械包括自然通风、风机湿帘系统、遮阳保温等。

第一节　自然通风

　　自然通风时借助于其内外气体环境自然发生的"热压"或"风压"，促使空气流动而实现温室内外空气交换的一种通风技术。其基本设施是通风窗，其通风量的基本影响因素主要有室外大气风速与风向、室内外空气温差和通风窗的位置、面积、窗口形式及开启程度等。因此，自然通风设备的选择，是根据温室内外空气环境因子自然变化规律及其运动原理，选择并确定适宜的通风窗及其结构、尺寸、窗口形式、位置、数量等。

　　所谓自然通风即通过开启温室的侧窗或者天窗，利用温室内外温度差异或者风压，实现温室内外空气对流，降低温室内的温度、湿度。所用机械为卷膜器。卷膜器用于塑料薄膜温室侧窗、顶窗的开启、关闭，能够简便迅捷地对温室大棚进行自然通风的通风设备。通过有效地控制通风时间可以降低病虫害发生概率，改善栽培作物的生长环境。通常分为手动和电动两种。

（一）手动卷膜器

　　手动卷膜器主要通过手柄转动带动卷膜轴转动，塑料膜被卷膜轴一层一层卷起，实现通风窗的启闭。由机体、输出轴、手把等部分组成，如图5-1、图5-2所示。

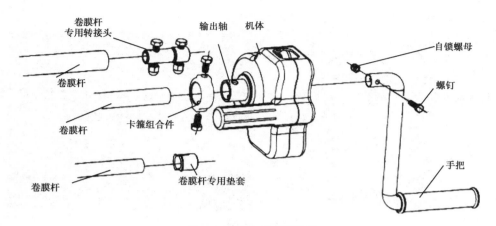

图 5-1　手动卷膜器结构

图 5-2　手动卷膜器

（二）电动卷膜器

1. 组成

电动卷膜器通过电机带动卷膜轴转动，将塑料膜卷起，从而实现通风窗的启闭。由电机、减速箱、行程调节钮、连接套等组成。如图 5-3 所示。

2. 限位调整方法

以大象牌电动卷膜器为例介绍限位调整方法。

卷膜器安装好以后需要进行限位调节，在调整限位前应先检查电源是否接好，供电电压是否正确，检查均确认无误后就可以进行限位调节。

调节步骤：将卷膜器固定在薄膜展开的中间位置，接通电源使电机运转，来回改变几次电机转向测试电机工作是否正常。

卷膜器卷筒最多可旋转 49.5 周（8 分 54 秒），当使用 25mm 卷筒时薄膜伸展距离是 4m 以内。

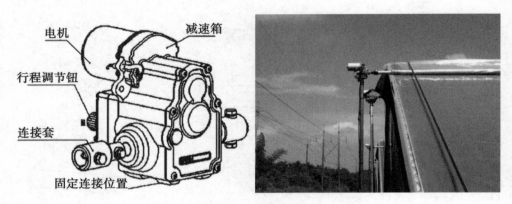

图 5-3 电动卷膜器结构

卷膜器的限位开关部分如图 5-4 所示，产品在出厂时 A、B 均设置为 0，以 25mm 管作为驱动轴时，每一刻度卷膜轴卷起高度约为 1m。

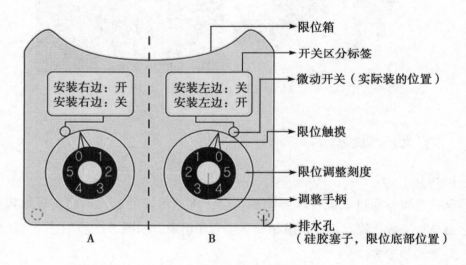

图 5-4 限位箱正面及其部件名称

调节限位时先轻微按下调整手柄 A、B，轻微旋转调整手柄 A、B，按照实际运行高度，调整到合适的刻度。

反复运行几次，测试限位开关的工作是否正常，同时调整到最佳工作状态。限位开关一经调整好后请勿随意改动。

注意：卷膜器安装完成后，务必将限位盒上的硅胶塞子塞好，以防电机进水。

卷膜轴安装好后应检查驱动轴是否笔直，整根轴有无障碍，确认驱动轴转动顺畅后再开启电机。

当驱动轴长度较长时，可以在未装电机的一端加装配重，增加薄膜卷取的均匀性。

此卷膜器还可通过其他机械装置实现开窗和拉幕，见图5-5。

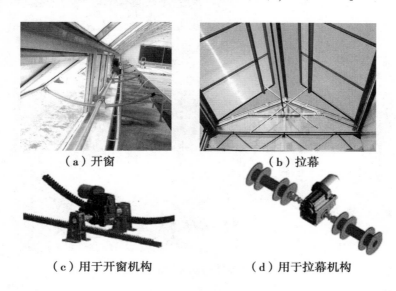

（a）开窗　　　　　　　　　　（b）拉幕

（c）用于开窗机构　　　　　　（d）用于拉幕机构

图5-5　开窗和拉幕

第二节　强制通风

温室强制通风系统通常采用低压大流量轴流风机（图5-7）或者环流风扇（图5-6）。低压大流量轴流风机主要用来向温室内吹风，或者往温室外抽风。往温室外抽风可以避免气流对温室内植物的损害，且温室外空气将通过温室各处缝隙向温室内补充，有利于在温室内形成一个均匀、风速适中的空气流场，故应用要广泛得多。环流风扇是一种较小流量的轴流风机，多用于促进温室内空气的流动，有利于温室内温度、湿度的均匀，促进植物叶面水分的蒸发。当温室尺寸超出低压大流量轴流风机的有效工作距离时，可将环流风扇作为接力风机使用，以确保强制通风的效果。

图 5-6　环流风机

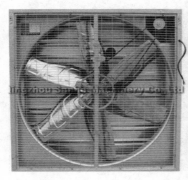

图 5-7　轴流风机

一、室内循环通风

室内循环通风，通常是在温室内部按一定的规则布置一定数量的轴流风机，以便驱动室内空气有序流动，促使室内空气、气温的均匀、稳定和作物植株间通风的一种室内空气自我循环性的通风；在门窗全部关闭状况下，与自然通风毫不相干，且无自然通风与之并存。实质上，只有风，却并未与外界交流互通。

处于门窗关闭状态下的温室，既得不到自然通风的帮助，又无机械通风的情况下，室内温度、湿度、CO_2 等重要环境因子分布不均、形成区域性差异和区域间智能维持自然地、低级的交流态势。这使得某些区域温度、湿度、CO_2 浓度等环境因子状况对作物生长发育十分不宜，直接影响作物生长的同步性与均匀性。且会使某个别区域的温度、湿度也可能变得很不稳定。而室内循环通风，恰好可以促使室内环境因子分布趋于均匀、一致，为作物维持一个较为稳定而适宜的气候环境，以利于生长发育。即使采用湿帘通风的温室，配备室内循环通风也是很有必要的。

室内循环通风系统的运行，应根据需要和其他形式通风系统设备运行的情况而定。如当自然通风系统全部关闭时，循环风扇可全速运转；当通风窗部分启闭而需要室内循环通风时，可根据需要适当降低循环风扇运行转速。

二、室内外换气通风

1. 室内外换气通风系统的基本形式

我们通常习惯将温室内外换气通风称为通风换气。利用动力通风机械——风机，通风换气的通风系统一般有进气通风系统、排气通风系统和进排气通风系统三种形式。

（1）进气通风系统。进气通风系统又称正压通风系统。其主要特点是采用风机将室外新鲜空气或经过预处理的新鲜空气强制送入室内，使室内空气压力形成高于室外的正压，迫使室内空气从排气洞口流出，达到通风换气的目的。这种通风系统的优点是，对温室的密封性要求不高，且便于根据需要对进风进行预处理。如寒冬季节的风机进风口处加装冷空气升温设备（如热交换器、散热器等）或换装暖风机，可提高进气温度，既可维持室温稳定在适宜作物生长的范围内，又可防止温室内作物受到冷空气进入的伤害。正压通风可根据室内需要，在风机进气口安装不同的预处理设备或设施来达到预期目标要求。预处理进风的内容诸多，如增温、降温、增湿、降湿、除尘、无害化处理、增加 CO_2 浓度等。由于风机出口面向室内，若大风量时，风速也较高，会造成过高风速吹向植物且气流分布不均的状况，不利作物正常生长，因此难以采用较大的风量，这是其很大的缺点。为改善出现以上状况，可采用风机排风口的排风量合理配送的办法，使风机排出风口的风量通过下一级输风管将风量合理分配到终端排风口排出，以达到均匀配送的目的。终端排风口可以是孔洞，也可以是特制或专用的构造，终端排风口的布局可根据需要布置；尤其高档和特殊需要的温室，当风机进排风口装配有设备时，对风口的设计非常重要。在生产性温室内利用热风机预加温送风时，送风方式较为简单，往往在风机出口处连接塑料风管或帆布风管，通过风管上分布的预制小孔，将暖风气流均匀分配送至室内各处。

（2）排气通风系统。又称负压通风系统。其特点是采用风机强制向室外排风，使室内空气压力形成低于室外的负压，室内外压迫使室外新鲜空气或经过设备预处理的新鲜空气从进风口流入室内。排气通风系统易于实现大风量的通风，是因其气流速度较高的风机出风口一侧朝向室外，而面向室内的风机进风口处，气流流速较大的区域仅限于很小的局部范围，不会产生如正压通风时吹向植物的过高风速。适当设置风机和进风口位置，可使室内气流达到较为均匀的分布。当温室有安装降温设备方面要求时，便于在进风口安装湿帘等降温设备。对进风有特殊要求的温室（通过进风增加 CO_2 浓度、进风防虫、进风除尘等），也便于在进风口加装设备。所以，排气通风系统在目前温室中使用最为广泛。但排气通风系统运行时要求温室有较好的密闭性，尤其是在靠近风机处，不能有较大的漏风，以免造成气流的"短路"，尽可能保证室外空气从设备的进风口处进入，并流经整个室，使室内气流按要求合理分布，避免室内出现气流死角。

排气通风系统的布置一般是将风机安装在温室的一面侧墙或山墙上，而将进气口设置在远离风机的相对墙面上。风机安装在山墙与风机安装在侧墙的情况相比，前者因室内气流平行于屋面方向，通风断面固定，通风阻力较小，室内气流缝补均匀，所以较多采用这种布置方式。另外应使室内气流平行于室内植物种植的行或垄的方向，以减少室内植物对通风气流的阻力。

排气通风系统的风机和进风口间的距离，一般应在 30～60m，过小不能充分发挥其通风效率，过大则从进风口至排风口的室内空气室温升温过快。当温室与其他温室或建筑物相邻时，为保证风机的顺畅排风，应注意采取适当的间距。风机排风口与邻近温室或建筑物之间的距离一般应不小于风机直径的 1.5 倍，否则应使风机的位置错开。

（3）进排气通风系统。又称为联合式通风系统，是一种同时采用风机送风和风机排风的通风系统，室内空气压力接近或等于室外压力，通过变化送、排风机转速，调整送、排风量间的比例关系，有意形成预定的室内正压或负压。因使用设备较多、投资费用较高，实际生产中应用较少，仅在有较高特殊要求而前两种通风系统均不能满足时采用。

2. 通风机设备的选型

通风机是机械通风系统中最主要的驱动空气运动的设备。对风机的选型主要应根据风机主要基本性能对通风要求的满足或适用程度，同时对经济型（初投资和运行能耗）、效率、噪声、振动、寿命、安全等方面的要求也不应忽视。

机械通风系统对风机的要求，一是提供足够的风量；二是风机进风口可建立起适当稳定的空气压力差，即风机的静压。风机静压的大小等于通风系统的通风阻力，对进风通风或排气通风而言，一般可近似认为就等于温室内外空气压力差。对于已确定的风机，其实际使用时的风量与通风系统的阻力相关，一般当系统阻力增大时风量相应减少。为此，风机生产厂家一般会在产品样本或使用说明书中提供风机特性曲线和技术参数表，以供了解和选用。选用风机时，应根据通风系统的阻力大小、对照风机特性曲线和技术参数百奥，借以查算出风机所能提供的通风量数值。进口某型轴流风机技术参数见表5-1。

表 5-1　进口某型轴流风机技术参数

技术规格		50/1.5
出风量	m³/h	44 500
转速	r/min	440
内圈直径	mm	1 270
马达功率	hp/kW	1.5/1.10
高度	mm	1 378
宽度	mm	1 378
厚度	mm	400
重量	kg	82
噪声量	dba	65

　　风机从结构和性能上分，一般有离心式和轴流式两种基本类型。二者区别在于工作原理和结构上均不相同。虽然它们各自都有叶轮和壳体，但细部结构差异很大。

　　轴流式风机的叶片和叶轮轴呈一定夹角，且叶片曲面形状适宜于叶轮轴转动时驱动空气沿叶轮轴方向流动。当其连续均匀高速运转时，可以建立起风机前后稳定的压力差和输送较大的空气流量。

三、温室蒸发降温

　　机械通风智能利用流动的空气带走多余的辐射热，不可能将温室内温度有效降低。而蒸发降温却有能力将温室内平均温度降至低于室外环境温度的某一水平。

　　在温室工程中，也正是利用了空气的不饱和性和水的汽化过程中吸收蒸发潜热作用来降温（同时也增温）。

第三节　湿帘-风机降温系统

　　通风降温机械常用的为湿帘降温系统。该系统采用"湿帘+风机"的降温设备

（图5-8），是目前最经济、有效的温室降温措施。

湿帘　　　　　　　　　　　负压风机

图5-8　湿帘-风机降温系统

一、湿帘-风机降温系统工作原理

系统的降温过程是在其核心"湿帘纸"内完成的。当室外热空气被风机抽吸进入布满冷却水的湿帘纸时，冷却水由液态转化成气态的水分子，吸收空气中大量的热能从而使空气温度迅速下降，与室内的热空气混合后，通过负压风机排出室外（图5-9）。

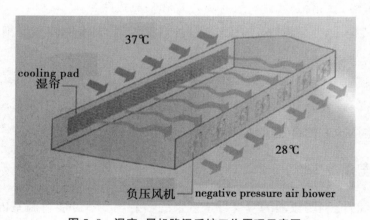

图5-9　湿帘+风机降温系统工作原理示意图

二、系统的组成和布置

湿帘-风机降温系统主要由湿帘加湿系统和风机系统共同组成。湿帘加湿系统主要包括：湿帘箱主体和供回水管路、过滤装置、水泵、集水池、水位控制装置及电动控制系统等；其中，湿帘箱主题包括板块形湿帘和容纳、排布、支撑湿帘板块上、下、左、右成型框架，以及配水管和布水湿帘板块等。

风机系统主要由大风量低压轴流风机和电动控制系统组成。"湿帘+风机"降温系统在温室中最常用的布置形式为负压通风式，一般将湿帘与风机分别布置在温室的面对面的两面山墙上。

三、湿帘结构与特性

目前，温室一般多采用块状的弧孔隙交叉排列的耐湿纸板制湿帘。纸板材质中含有强湿剂，并预制成连续弧形波纹的外轮廓为一定尺寸的矩形基本型材，波纹弧高、形状均要求完全一致，弧波母线与矩形纸边一般有一定夹角（最大可达 45°）。将基本型材按一正、一反顺序层层叠放，使相邻型材弧波母线呈交叉排列，同时用高强度耐水胶将波弧顶接触部位粘接牢固，制成一定尺寸的外廓为扁平的矩形六面体湿帘块；其扁平体的迎风（或被风）面上布满了众多整齐交叉而向上、下斜向光滑且可通风的空隙，而且比表面积很大。当湿帘润湿后，空气流经这些通风空隙时，可获得很大的空气与水接触的面积，以便获取尽可能高的水蒸发量和蒸发冷却换热效率。

湿帘纸板分层展开的表面积之和与其构成材料总体积之比，称为湿帘的比表面积（单位：m^2/m^3），比表面积大小与湿帘的蒸发冷却换热效率对空气产生的阻力呈正相关的关系。由于成品湿帘块的纸质材质和厚度、波形及波形尺寸、波形母线的夹角以及湿帘块的迎风面厚度等设计参数都已确定，因此包括湿帘比表面积在内的湿帘性能也相应确定。

国家标准规定，纸质湿帘块外形尺寸，以气流水平通过方向为厚度，垂直于气流通过方向竖直安装的直立长度为高度，水平长度为宽度，单位为 mm，可系列化生产。

相应之下，成品湿帘箱体总成或其上、下框架及端部封框也常用 100mm 或 150mm 系列。成品的宽度系列有 1 000 mm、1 200mm、1 500mm、2 000mm 等。唯独其高度系列，是以竖直向内腔底至顶的高度划分系列（比湿帘块有效高度高出 100mm）使便于安装湿帘和疏水湿帘，常用有 1 500 mm、1 800mm、2 000mm 系列。当需要高度和安装长度有变化时，可单独订货、自行组装。

由于湿帘特殊的结构和工艺上的特点，在选用时要求它除具有湿强度大、不轻易腐坏、比表面积大（通常均大于 350 m^2/m^3）、性能稳定、便于拆换等一般特点外，对热效率 η（单位:%）特性和阻力损失 $\triangle p$（单位：Pa）特性更应给予高度重视，以确保降温效果。

湿帘换热效率特性，亦即过帘空气降温效率特性，实际上这一描述湿帘热湿交换性能的总和指标，可体现空气通过湿帘过程中与水进行交换的充分程度。它受空气流速、湿帘结构、湿帘厚度等影响。

四、湿帘–风机降温系统的设计计算

（一）温室内外设计温度、湿度的确定及其他

可参阅温室建设当地炎热高温季节气象资料来确定室外设计温度 t_0 和相对湿度 φ_0。新疆 $t_0 = 40\sim45℃$，$\varphi_0 = 30\%$。

室内设计温度、设计湿度，取决于室内作物对环境的要求，可根据预计栽植物物种及其生长阶段的"三基点"温度确定。应选择最适宜光合作用、有利光合产物积累的温度和湿度作为设计目标选项。一般在 $18\sim25℃$ 范围内可作选择，对不耐寒作物可放宽到 $30℃$；但绝不可将室内温度选定到 $36℃$ 以上，因为过高的温度，将使呼吸作用大于光合作用，减少有机物质的积累。对室内相对湿度的设计也应适当，因为过低的湿度会使作物体表偏于干燥而生长受阻，过高的湿度会使引发病害的可能性增加，可能发生某些生理障碍。所以，通常多数蔬菜适宜湿度为 $60\%\sim85\%$，多数花卉适宜湿度为 $60\%\sim90\%$。

当然，我们还可利用焓湿（i–d）图和所要确定的室内、外空气的温度、湿度等测算或估算一下标准大气压力下，所需要的绝热蒸发降温换热效率 η 和过程终了空气温度 t_1 公示如下：

$$\text{换热效率：} \eta = \frac{\varphi_1 - \varphi_0}{1 - \varphi_0} \, (\%)$$

终了温度：$t_1 = t_0 - \eta \, (t_0 - t_{s0})$

通过测算，最后确定换热效率 η 值，并利用此值作为基本依据，参照湿帘特性曲线，去选择湿帘型号、厚度、过帘风速 v、湿帘率 η 以及确定湿帘阻力损失 $\triangle p$ 等，以备后续计算使用。行业和国家标准推荐：过帘风速 $v = 1.0\sim1.5\text{m/s}$；湿帘效率一般取大于或等于计算所得，但至少应为 $\eta \geqslant 75\%$；湿帘阻力损失一般选 $\triangle p \leqslant 15\sim20\text{Pa}$，阻力损失越高，风机有可能将满足不了。室外空气（温度 t_0）以设定流速通过湿帘后温度降至 t_1（过程终了温度），相对湿度升至 φ_1，并仍然被迫（风机运转制造的负风压）继续向前流动，同时受热和伴随小幅度升温、相对湿度稍有下降。行业和国家标准规定：风机排出口空气温度 t_2 较 t_1 的允许升温适当推荐 $4℃$。

否则会因排气升温 $\triangle t$ 太小而增大通风量并引起增加风机和湿帘的施用量，导致提高造价和运行费用，经济性差；而 $\triangle t$ 太大，则室内温度场分布出现有较大的温度梯度，空间内温度分布不均匀，影响作物生长环境。

（二）总通风设计流量 Q （m²/h）的确定

风机的功能主要是促使空气流动并协同排出室内多余的太阳辐射热。温室总通风量与通风需求——通风率 q（m³/m²·h）成正比，与温室地面面积成正比，计算公式为：

$$Q=f_{温室}\times q\times F$$

式中：Q——温室总通风设计流量，m³/h

q——设计（满足需要的）通风率，m³/m²·h

F——温室地面总面积，m²

$f_{温室}$——温室通风流量系数

温室行业和国家标准推荐：基本设计通风率 $q=2.5$（m³/m²·h），同时海拔高度<300m、室内最大太阳辐射光照在 50 000lx 左右、气流从湿帘到风机允许升温为4℃、湿帘与风机间距>30m 等诸多条件下，即可大体满足温室夏季降温的要求；也可认为此时标准状态下，$f_{温室}=1$。然而，温室建造的海拔高度、光照强度、升温允许值等一经发生变化，就要对 $f_{温室}$ 之一流量系数通过以上各项因子的调整系数予以修正。温室通风流量系数与各因子调整系数的关系如下。

$$f_{温室}=f_{高}\times f_{光}\times f_{升温}$$

式中：$f_{高}$——温室所在地海拔高度调整系数

$f_{光}$——温室内光照强度调整系数

$f_{升温}$——温室湿帘与排风机之间允许升温调整系数

这三项调整系数求取方法减速如下。

1. 海拔高度调整系数 $f_{高}$

空气的排热能力取决于其质量而非体积。单位体积空气的质量与当地气压成反比。当地气压与海拔高度直接反相关。

$$F_{高}=10132.5/p$$

式中：10132.5——标准大气压值，Pa；

p——温室所在地气压，Pa；

在缺乏当地气压数据资料时，$f_{高}$ 可查阅表5-2。

表 5-2　常用海拔高度调整系数

海拔高度（m）	<300	300	600	900	1 200	1 500	1 800	2 100	2 400
	1.00	1.04	1.08	1.12	1.16	1.20	1.25	1.30	1.36

（引自：周长吉，2003）

2. 温室内光照强度调整系数 $f_光$

由于进入温室内部的太阳辐射热量与温室内部光照强度成正比。

$$f_光 = E/50\ 000$$

式中：E——温室内最大光照强度，lx

　　　50 000——给定的标准工况下日光辐射光照强度，lx

　　　E 值可从当地涉外最大太阳辐射强度和覆盖物的透光率计算得出，也可用测光仪就地实测得出。

3. 温室湿帘与排风机之间允许升温调整系数 $f_{升温}$

进入温室气流从湿帘到风机之允许升温推荐值为 $\triangle t = 4℃$，总通风设计流量与温室的允许升温值 $\triangle t$ 成反比的，求升温调整系数：

$$f_{升温} = 4.0/\triangle t$$

（三）温室湿帘面积的确定

根据前面所讲，当我们已经根据使用需求将某规格的湿帘，对照其特性曲线并确认换热效率符合要求（$\eta > 75\%$），过帘风速适当（$1.5m/s > v > 1.0m/s$），湿帘静压损失不塌奇高等。

对选用湿帘的面积 A_s（m^2）可利用一下公示计算：

$$A_s = Q/360v$$

式中：A_s——湿帘理论计算面积，m^2

　　　Q——温室设计总通风量，m^3/h

　　　V——湿帘的过帘风速，m/s

然后根据所选湿帘规格的宽度 B（m）和有效高度 H（m），求湿帘的块数：

$$n = A_s/BH$$

（四）湿帘供水定额、供水泵流量和水池容积

1. 湿帘供水定额

确保每水平延长米长度的湿帘既能完全浸透、有利于提高蒸发降温效果，又不

会在湿帘表面形成连续流动的水流层而妨碍空气流通的适宜的水供应量的最小值。常用湿帘最低供水定额表见表5-3。

表5-3 常用湿帘最低供水定额表

湿帘厚度（mm）	100	120	150
供水定额 [m³/（m·h）]	0.25	0.38	0.56

2. 供水泵流量计算

供水泵应考虑使用带有过滤装置的潜水清水泵，尽量不要使用普通清水泵，以避免供水中混入杂质的小颗粒物黏附、阻塞湿帘，影响其性能、功效的发挥或避免因普通清水泵底阀关闭不严而影响启动时及时供水。

$$Q_S = K \times q_s \times L$$

式中：Q_S——供水泵计算流量，m³/h

K——供水系数，一般取 1.1～1.4 的中值 1.2

q_s——湿帘的供水定额，[m³/（m·h）]

L——湿帘的水平排布总延长，m

3. 供水池容积

可用下面公式计算水池最小总容积 V

$$V = V_{smin} \times S$$

式中：V——供水池容量，m³

V_{smin}——单位面积湿帘最小供水容量 m³/m²

S——湿帘面积，m²

表5-4 常用厚度系列湿帘水池最小设计容量

湿帘厚度系列	100	120	150
水池最小设计容量	0.03	0.035	0.04

（五）风机的选择与布置

选择低压、大流量 9FJ 系列轴流风机，并最好将风机与湿帘间距选在 30～70m，使风机最大静压留有 12.5Pa 的安全余量。系统安装布置时，风机应处于当地主导风向的下风头侧墙壁向外排风状态。可采用多台型号风机分组操纵，也可采用大、小风机搭配组合通风方式。

（六）湿帘风机系统的日常使用注意事项

除选择良好耐温强度的湿帘和前面提到的日常使用中注意水质酸碱度、电阻率、及时排污并更换新水，以防止湿帘结垢、外围防止其表面滋生藻类或其他微生物，可向水池中投入浓度 $3\sim5mg/m^3$ 的氯做临时快速处理或连续投放 $1mg/m^3$ 浓度的氯。

第六章 耕整播种定植机械

第一节 设施耕整地机械

耕整机械的功用是翻转和疏松耕作层，破碎土块，疏松表层，平整地面，防旱保墒，将地面的杂草、残根、农药、肥料、土壤改良剂和病菌、虫卵等翻入下层。

设施耕整地机械以犁耕、旋耕整地为主，主要机械有微耕机、小型铧式犁、小型旋耕机等。

（一）微耕机

微耕机又名耕耘机、管理机、园艺机等，是指主机功率不大于7.5kW，总长小于180cm，整机结构质量（不包括工作部件）小于150kg，可以直接用驱动轮轴驱动旋转工作部件进行旋耕、整地、除草、施肥等作业，也可以配套专用旋耕机进行开沟、培土、起垄、作畦、营造苗床、覆盖薄膜、喷药施肥、精密播种等田间管理性作业的农业机械。

微耕机以小型柴油机或汽油机为动力，具有质量轻、体积小、结构简单等特点，可进行蔬菜大棚、林果管理、花卉管理及各种高效农作物的田间管理。

1. 微耕机的原理及分类

（1）工作原理。微耕机主要由工作部件、机架、传动系统和动力等部分组成。目前，国内销售的微耕机多采用2.20~6.6kW柴油机或汽油机作为配套动力，传动方式主要分为齿轮传动和皮带型传动，工作部件一般为弯刀刀片，按一定的规律固定在刀轴上。微耕机工作时，刀轴由发动机的动力输出轴经变速器驱动旋转，刀片随刀轴转动自地面从上向下切削土壤；随着机组前进，旋转刀片不断切入未耕土壤，切下的土块被抛向后方，并与挡泥板相撞，进一步破碎再落到地面，达到松土碎土的目的。

（2）分类。微耕机是一种无乘座型的步行操作农业机械。按照功率的大小，可将微耕机分为小型、中型、大型3类；其中主机功率在4.5kW以下的机型为小型微耕机，主机功率在4.5～6.0kW的机型为中型微耕机，主机功率在6.0～7.5kW的机型为大型微耕机。

2. 微耕机的主要部件和功用

微耕机的结构简单，主要有：发动机、变速箱总成、扶手架总成、行走轮、耕作机具五大部分组成（图6-1）。

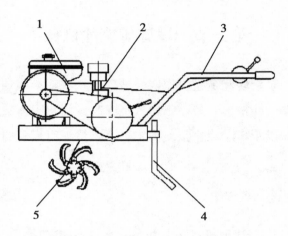

1-发动机；2-变速箱总成；3-扶手架总成；

4-行走轮或限深杆（犁）；5-耕作机具

图6-1 微耕机的组成

（1）发动机。发动机是微耕机工作时的动力来源。按使用燃油的不同，可分为柴油机和汽油机两大类。两种动力的微耕机在使用上没有多大的区别：柴油微耕机的动力比汽油微耕机的动力要大一些；汽油微耕机的轻便灵活性比柴油微耕机要好一些。

（2）变速箱总成。发动机的动力由皮带连接传输到变速箱总成上部的主离合器，通过主离合器输入变速箱，经变速箱的变速传动，再经过驱动轴传给行走轮，从而推动微耕机行走。变速箱总成下部的转向离合器，可控制行走轮的行走方向。变速箱总成上还安装有换挡操纵杆；微耕机一般都装配有三个挡位或四个挡位，一个前进慢挡，一个前进快挡，一个空挡，有的还装配有一个倒挡。还有传动皮带、皮带轮和皮带轮罩。变速箱的上部有齿轮油加注口，下部有齿轮油放出口。

（3）行走轮。行走轮安装在变速箱总成下部的驱动轴上。发动机的动力经变速箱传给行走轮，推动微耕机工作。

在路上行走，可使用道路行走轮；在耕作时，使用耕作行走轮。

（4）扶手架总成。扶手架是微耕机的操纵机构，扶手架上安装如下部件。

①主离合器操作杆。拉动主离合器操作杆到"离"的位置，即可切断发动机与变速箱的动力联系；推动主离合器操作杆到"合"的位置，即可连接发动机与变速箱的动力。②油门手柄。油门手柄用于调节发电机的转速，即调节油门的大小。③启动开关（即点火开关）。汽油动力的微耕机还安装有启动开关，用于切断或连接汽油发电机的点火用电。汽油发动机停止不工作时，将启动开关转到"停"的位置；汽油发动机工作时，将启动开关转到"开"的位置。④转向离合器手柄。握住左边转向离合器手柄，可实现微耕机的左转弯；握住右边转向离合器手柄，可实现微耕机的右转弯。⑤扶手架调整螺丝。在扶手架总成与变速箱总成连接的地方，有一个调整扶手架高低的调整螺丝，可根据微耕机操作者个头的高矮，来调节扶手架的高低。

（5）耕作机具。微耕机耕作所常用的耕作机具主要有：犁铧总成、钉子耙总成、水田旋耕轮、旱地旋耕刀具、开沟器、阻力棒等，可根据不同的用途，选择适合的耕作机具。

①维护和保养。由于微耕机所处的工作环境较为恶劣，因此，加强其保养维护就显得尤为重要。微耕机在实际的工作中，由于水、泥、油的侵袭和振动、摩擦，不可避免地就会造成微耕机零部件的腐蚀老化、连接松动、磨损等，从而导致微耕机故障不断出现、油耗增加、功率下降、工作状态变坏。为了防止发生上述这些问题，就必须严格执行"养重于修、防重于治"的维护保养制度。同时，加强微耕机的班次保养。

日常技术保养：a. 清除机器外部污垢，检查和排除漏油、漏气现象。b. 检查变速箱和发动机油底壳、油箱等的油位是否符合规定，不足时予以添加。c. 检查各操纵手把柄是否灵活可靠，否则予以调整。d. 检查各部位螺栓、螺母是否紧固可靠，否则予以调整。e. 有关发动机的日常技术保养按发动机使用说明书的规定进行。

定期技术保养：a. 完成日常技术保养的作业要求。b. 每隔三个月或累计工作500h后，需清洁变速箱及行走机构，更换机油，并检查调整各操纵系统。c. 每隔一年或工作1 000h后，除完成上述保养要求外，还需要检查所有齿轮、轴承和离合器摩擦片，必要时更换新件。d. 每隔两年或工作2 000h后，需拆开全部零部件并清洗干净，检查全部零部件的技术状况和磨损情况，必要时进行修理或更换新件。待整机装好后，必须经过磨合和试运转后，才能投入正常使用。e. 发动机的定期技术保养按发动机使用说明书的规定进行。

②加强磨合期的维护保养。对于新购的微耕机，在磨合阶段微耕机的油门不能开得过大，发动机一般建议采用 1 挡耕作、中速运行，在微耕机运转 2h 之后，更换传动箱的齿轮油，同时卸下发动机曲轴箱的放油螺塞，放出曲轴箱残余机油，然后再拧紧放油螺塞，通过注油口注入足量的新机油。

③长期存放保养。a. 按发动机使用说明书的规定，封存发动机。b. 清除变速箱内机油和脏物，注入新机油。c. 将整机表面清洗干净。d. 将机器存放在室内通风、干燥、无腐蚀性气体的安全地方。

④微耕机的操作要点。a. 在操作使用前，首先必须熟读说明书，严格按说明书的要求进行磨合保养，其次必须经过操作培训方能作业。b. 作业前检查机器各连接紧固件是否紧固，切记一定要将螺栓拧紧（包括行走箱部分、压箱部分、发动机支撑连接部分、发动机消声器、空滤器等）。c. 将机头、机身置于水平位置检查是否加足机油、齿轮油，不能多加，也不能少加；检查有无漏油（机油、柴油、齿轮油）现象，方能使用。d. 使用前应在空滤器底部加 1mL 机油，同时注意酒后不准操作微耕机，新机不准大负荷作业，田间转移应换轮胎，特别是坡上作业应防止微耕机倾倒伤人。e. 启动时，一定要确认前后左右无人，安全后方能启动，以免伤人。冬季发动机不好启动时，烧壶开水淋油嘴或向燃烧室注 0.5～1mL 机油，即可正常启动。f. 作业过程中，中间换人、与人交谈、清除杂草缠绕刀架时，不要在挂挡的情况下抓紧离合器，一定要确认在空挡上机器不前进时或熄火时进行。g. 微耕机在装上刀架时不要在水泥路、石板地上行走，在作业时应尽量避免与大石块等硬物碰撞，以免损伤刀片。发现发动机或行走箱、压箱有异常声响后要停机检查，排除故障后才能工作。h. 操作者在作业中如果背对坎边小于 1m 时，禁止使用倒挡。i. 新发动机在正常工作作业 20 亩地后，必须热机更换机油和齿轮油，否则冷机不能排尽机体内的残余机油；80～100 亩后更换第二次；连续作业 3～5d 后必须清洗空滤芯器，400～700 亩以后进行油泵、油嘴压力核对、气门间隙的检查调整、必要时更换活塞环、气门和连杆瓦。j. 每季作业完成后，应注意清除微耕机上的泥土、杂草、油污等附着物，同时检查紧固各紧固件螺栓，并找薄膜或其他东西盖好，防止日晒、雨淋生锈。

(二) 铧式犁

1. 功用与组成

铧式犁是以犁铧和犁壁为主要工作部件进行耕翻和碎土作业的一种农业机械。铧式犁主要部件有犁体、小前犁、犁刀和犁架等，由工作部件和辅助部件构成，工作部件直接参与耕地和切割土壤，辅助部件协助和保证工作部件完成耕地作业。耕地时，土垡沿犁体曲面上升、破碎并翻转。

铧式犁由犁架、犁体、悬挂架、限深轮、调节手柄、撑杆等部分组成（图 6-2）。

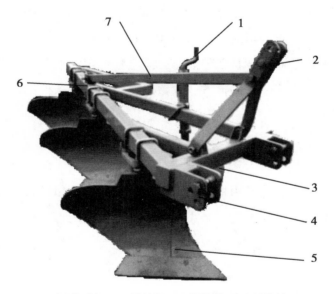

1-调节手柄；2-悬挂架；3-限深轮；4-悬挂轴；

5-犁体；6-犁架；7-撑杆

图 6-2　铧式犁的组成

2. 铧式犁使用中的注意事项

①操作人员必须先熟悉犁的构造和使用调整方法。②必须按照说明书的规定，进行装配、使用和保养。③作业时闲人不得靠近，犁上不准坐人或堆放重物；如遇犁重量轻，入土性能不好，需加配重时，配重应紧固在犁架上。④犁工作中，禁止清理犁体上的黏土杂草等堵塞物；不得对犁进行检查或修理，需检修应停车进行。⑤犁在悬挂时不得在其下方进行修理或调整。⑥当耕完一个行程后，在地头转弯时，需将犁升起，严禁不起犁而转弯或绕圈耕作。⑦在地块转移或过田埂时，都应

慢速行驶，如拖拉机带悬挂犁长途运输时，应将犁升到最高位置，并将升降手柄固定好，下拉杆限位链条应收紧，以减少悬挂犁的摆动；还应缩短上拉杆，使第一铧犁尖距离地面应有 25cm 的间隙，以防铧尖碰坏。

3. 铧式犁的维护保养要点

及时保养是提高犁的工作效率和质量并延长使用寿命的必要措施，在犁的使用过程中要进行下列技术保养：①每班工作结束后，清除黏附在犁曲面、犁刀及限深轮上的积泥和缠草。②在每班工作结束后，应检查并固定所有螺栓，检查零部件有否变形或损坏并及时修复或更换。③必要时对犁刀、限深轮及调节丝杆等需要润滑处注黄油。④在一个作业季节结束后，拆下调节丝杆和丝杆螺母进行清洗，磨损严重的零件要进行修复或更换，安装时应涂上润滑油脂。⑤在一个作业季节结束后，犁铧、犁壁、犁后踵严重磨损的应拆下更换。⑥长期不用时，犁体工作面和所有外露表面，应涂上防锈油脂。⑦长期停放时，应将整台犁清洗干净，犁曲面应涂上防锈油，停放在地势较高无积水的地方，并覆以防雨物。有条件的地方，应将犁存放在棚下或机具库内。

（三）旋耕机

旋耕机主要适合配相应动力拖拉机，由拖拉机动力输出轴带动旋耕机旋转，碎土效果好，操作简单，运用灵活。是小块田地土壤耕作的理想机械，旋耕机耕后地表平整，覆盖严密，油耗低，对土壤湿度适用范围大，一般拖拉机能下田即可进行耕作。

设施温室一般选用小型旋耕机，可分为带驱动轮行走式和不带驱动轮行走式两种。

1. 组成与工作原理

旋耕机主要由工作部件、传动部件和辅助部件三部分组成。工作部件主要包括刀轴、刀座、刀片；传动部件包括传动轴和齿轮箱；辅助部件包括悬挂架、机架（主梁和侧板）、挡泥罩等（图6-3）。

工作时，拨动副变速杆，拖拉机的动力由后桥传递给中央减速器，然后再经传动轴由侧边减速齿轮箱传至旋耕刀轴。旋耕机刀片在动力的驱动下一边旋转，一边随机组直线前进，在旋转中切入土壤，并将切下的土块向后抛掷，与挡土板撞击后进一步破碎并落向地表，然后被拖板拖平，达到松碎土壤的目的。

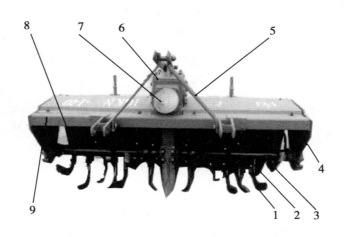

1-刀片；2-刀座；3-刀轴；4-侧板；5-悬挂架；

6-齿轮箱；7-传动箱；8-挡泥板；9-主梁

图6-3　旋耕机的一般构造

2. 旋耕机的维护与保养

旋耕机的维护与保养需要做到以下几点：①每天工作后应及时清除轴承座、刀轴及挡土罩等处的积泥油污；拧紧各连接部分螺钉和螺母；检查齿轮箱及侧边传动箱油面，必要时添加；按说明书规定向有关部位加注润滑油脂。②作业时要定期检查刀片的磨损情况；检查刀轴两端油封是否失效。作业结束除彻底清除外部积泥和油污外，还应清洗齿轮箱和侧边传动箱并加入新的润滑油；对刀轴轴承及油封进行检查清洗并加注新的润滑油。③清洗检查。每天工作后应及时清除轴承座、刀轴及挡土罩等处的积泥油污，拧紧各连接部分螺钉和螺母。定期检查刀片的磨损情况，检查刀轴两端油封是否失效。作业结束除彻底清除外部积泥和油污。定期检查万向节十字轴是否因滚针磨损而松动，因泥土转动不灵活时应拆开清洗。

3. 使用注意事项

旋耕机的使用有以下几点注意事项：

①在选择旋耕机时，应首先了解拖拉机的悬挂机构尺寸能否满足此旋耕机的需要，动力输出轴上的花键是否与原机的万向节相配；万向节方轴及套的长度是否够长；动力输出轴的转速是否符合要求。②工作时应经常注意倾听旋耕机是否有杂声或金属敲击声，如有异常应停车检查排除。③地头转弯和倒车时严禁工作，以免损坏机件。④机组起步时要先接合动力输出轴，再挂上工作挡，缓慢松放离合器踏板，同时操作液压升降手柄，使旋耕刀逐渐入土，随之加大油门，使刀滚达到规定

耕深时为止；禁止在起步前将旋耕刀先入土或猛放入土。⑤工作时，要每半天停车检查一下刀片是否松动或变形。万向节提升要减慢旋转速度，并经常检查紧固状况。⑥停车应使旋耕机着地，不得悬挂停放。⑦田间转移或过田埂时，应切断动力，将旋耕机提升到最高位置，远距离转移时，应将万向节从动力输出轴上拆下，用锁紧装置将旋耕机固定在某一位置上，且不准在旋耕机上放置重物或坐人。

第二节　基质处理机械

基质栽培是用固体基质（介质）固定植物根系，并通过基质吸收营养液和氧的一种无土栽培方式。基质种类很多，常用的无机基质有蛭石、珍珠岩、岩棉、沙、聚氨酯等；有机基质有泥炭、稻壳炭、树皮等。

通常对基质的处理方式是基质的搅拌和消毒等，与之相对应的机械有基质搅拌机、基质消毒机等。

（一）基质搅拌机

基质搅拌机将基质中各种成分混合均匀，为出苗齐、壮，创造良好的条件。

1. 组成与原理

本机由机架、搅拌装置、传动系统、出料口和电器控制系统组成，如 6-4 所示。

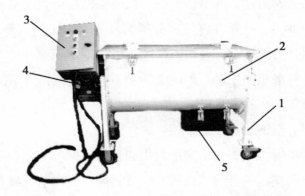

1-机架；2-搅拌装置；3-电器控制系统；4-传动系统；

5-出料口

图 6-4　基质搅拌机

机架是整个设备的支撑部件。搅拌装置由搅拌筒、搅拌轴、搅拌叶片所构成，搅拌叶片与搅拌筒内壁的间隙均可调整。

传动机构是由电动机减速装置所组成。电器控制系统具有启动、点动、停止、定时的功能。

工作原理：电动机通过减速装置使搅拌轴沿一个方向旋转，搅拌轴上的叶片工作时，使筒内的物料由一侧推向另一侧，又由另一侧推回原处的循环动作，同时叶片两端的刮边将粘在料筒两端的物料刮下，使物料得到充分的搅拌从而获得较理想的搅拌效果。

2. 使用与维护

基质搅拌机的使用与维护有以下注意事项：①搅拌机应安置在坚实的地方，用支架或支脚筒架稳。不准以轮胎代替支撑。②开动搅拌机前应检查各控制器及机件是否良好。减速箱应注入机油后方能使用，各部转动部位都装有油嘴，使用时要定期加注润滑油脂。减速机应定期加入润滑油脂。滚筒内是否有异物杂物，如有应清理。③搅拌机应在无负荷的情况下启动，启动后方能加料，为此停机前必先停止加料，待机器内的物料出完后方可停止运转。④在使用中应经常检查搅拌机的工作状态，注意各紧固件是否有松动现象，发现松动应立即扭紧。旋转部分与料筒是否有刮碰现象，如有相碰现象，应及时调整。⑤搅拌机受料量应均匀，不应有太大坚硬块状物，否则容易堵塞进料口，而造成机器空料或损坏机器。⑥启动后发现运转方向不符合要求时，应断电源，将导线的任意两根线互换位置再重新启动。⑦要保持出料口出料顺畅，不得反复出现拥堵现象。⑧如反复出现堵转现象，应检查轴承及控制柜内热继电器及空气开关，如有故障应予更换。⑨搅拌机运转时，严禁将工具伸进滚筒内。⑩搅拌时间如因基质拌和的阻力作用过大而使电机停转，可用点动，使电机反转，以减少其阻力，再按启动即可。⑪现场检修时，应固定好搅拌机料斗，切断电源。进入搅拌机滚筒时，外面应有人监护。⑫在使用中应经常检查轴承运转情况，是否温度过高，有无异常响声，如发现异常，应立即停机更换。⑬在使用中应经常观察设备运行情况，如运行不平稳，则需停机更换转子。⑭搅拌机长时间停用时，必须把物料筒清洗干净，通风干燥存放，以便延长使用寿命。

（二）基质消毒机

设施蔬菜生长周期短，茬口转换多，连年种植导致土壤土传病害严重，特别是根结线虫病的发生极大地影响了蔬菜产量（主要为茄果类的番茄和瓜类蔬菜等受害严重），因此土传病害成为设施蔬菜生产发展的突出问题，采取措施根治土传病害已成为实现设施蔬菜可持续发展的重要课题。国外发达国家蔬菜多在大型温室采用岩棉营养液无土栽培，连作障碍和土传病害对栽培影响小，而我国日光温室多采用土壤栽培，瓜菜种植频繁，土传病害严重，所以，必须进行土壤消毒方法，来实现对土传病害的高效防治。基质消毒机对营养土进行消毒，杀死里面的病虫害，提高出苗率。

1. 基本原理

蒸汽消毒是利用高温蒸汽杀死基质中的有害生物。其原理是蒸汽锅炉产生高温蒸汽，通过导管把水蒸气通入覆盖有保温膜的栽培基质中（通蒸汽40min），使基质温度升高达到80℃以上，干预有害微生物积累和繁殖、杀死病原菌。蒸汽消毒机使用电动发动机，产生蒸汽的水来自外接的管道，由于消毒的资源来自水，消毒后土壤无残留物，是目前所有方法中最环保的消毒方式。在消毒完毕后可立即进行栽苗工序，而无须再次进行松土工作。蒸汽的温度在100℃，这样的温度足够杀死杂草及有害细菌、线虫等，同时也不影响土壤中有益细菌的再生。

基质消毒常用设备为蒸汽消毒机（图6-5），分为固定式基质消毒机和移动式基质消毒机。

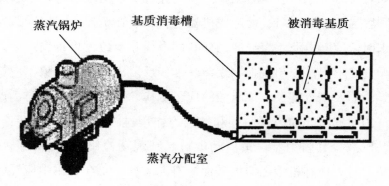

图6-5　基质蒸汽消毒原理

2. 固定式基质消毒机

本基质消毒机为蒸汽消毒器械，不同于传统的药剂消毒，主要用于土壤和基质的种植前消毒。本机器长10m，宽0.6m，最大高度1.4m，消毒深度0~3cm，可完全杀死土壤或基质中的各类杂草、真菌、线虫等，能有效解决土传病害及重茬问题。土壤表面处理的工作效率能达到10m²/h。

　　蒸汽消毒机使用电力驱动。蒸汽发生器的最大工作功率为 35kW 左右，加热装置最大功率为 12kW 左右。产生蒸汽的水来自外接的管道，由于消毒的资源来自水，消毒后土壤无残留物，是目前所有方法中最环保的消毒方式。此机在消毒完毕后可立即进行栽苗工序，而无须再次进行松土工作。蒸汽的温度在 90～100℃，这样的温度足够杀死杂草及有害细菌、线虫等，同时也不影响土壤中有益细菌的再生。

　　固定式基质消毒机见图 6-6。

图 6-6　固定式基质消毒机

3. 移动式基质消毒机

图 6-7　移动式基质消毒机

　　移动式基质消毒机为天然绿化消毒器械，它能沿直线自动行进，无外设发动机，不同于传统的履带牵引车，主要用于土壤和基质的种植前消毒。

　　移动式基质消毒机长 4m，宽 3.7m，最大高度 3.7m，轴距 3.78m，离地 0.25m，消毒深度 15～30cm，可完全杀死土壤或基质中的各类杂草、真菌、线虫等，能有效解决土传病害及重茬问题。土壤表面处理的工作效率能达到 $200m^2/h$，耗油量在 10～12L。

第三节　播种嫁接机械

（一）穴盘育苗播种机

穴盘育苗是 20 世纪 70 年代国际上发展起来的一项新的育苗技术，主要用于蔬菜、花卉育苗，也可用于烟叶、林木等作物育苗。

1. 穴盘育苗播种机的特点

穴盘育苗播种机有以下特点：①每穴精播一粒种子，根系完全分割。②用轻基质混合物填入空穴中，实现了搬运和移栽的机械化作业。③在人工控制环境中育苗，选取最优种子、温度、光照条件，秧苗生长整齐健壮，避免了自然气候环境的影响，能有效防治病虫害。由于其突出特点，从 20 世纪 70 年代开始迅速发展起来，北美和西欧已形成穴盘秧苗的行业，日本也在大力发展。自 1985 年引进中国以来，以其成苗快、不伤根系、能获高产、适合远距离运输等优点，深受广大生产者欢迎。目前国内穴盘育苗精量播种已经逐步替代传统手工播种，拥有成套设备的育苗企业已达上百家。

2. 穴盘育苗的工艺过程和设备

穴盘育苗的工艺过程和设备如下：①轻基质的破碎和筛选设备。②轻基质搅拌混合设备。③轻基质的提升设备。④精密播种生产线设备（其中包括轻基质充填、刷平、压穴、精密播种、复料、刷平）。⑤穴盘喷水设备。⑥穴盘的运送设备。⑦种子丸粒设备。以上工序完成后，将播完种子的穴盘送入催芽室（根据农艺要求也可以不用催芽，视具体情况而定）催芽，然后移入温室育苗。除了精密播种生产线（图 6-8）以外，其他辅助设备可根据实际需要进行选择。

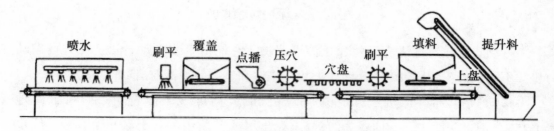

喷水　　刷平　覆盖　点播　压穴　穴盘　刷平　填料　提升料

上盘

图 6-8　穴盘育苗精播生产线

3. 穴盘育苗播种机的分类

目前穴盘育苗播种机基本可分为针式播种机（图6-9）、滚筒式播种机（图6-10）、盘式（平板式）播种机（图6-11）三大类，其中针式播种机、滚筒式播种机在国内应用较多。

图6-9　针式播种机

图6-10　滚筒式播种机

（1）针式播种机

①工作原理。工作时利用一排吸嘴从振动盘上吸附种子，当育苗盘到达播种机下面时，吸嘴将种子释放，种子经下落管和接收杯后落在育苗盘上进行播种，然后吸嘴自动重复上述动作进行连续播种。②性能特点。适用范围最广的播种机，从秋海棠等极小的种子到甜瓜等大种子均可进行播种，播种精度高达99.9%（对干净、规矩的种子），播种速度可达2 400行/h（128穴的穴盘最多每小时可播150盘）、无级调速，能在各种穴盘、平盘或栽培钵中播种，并可进行每穴单粒、双粒或多粒形式的播种。③基本机型。常用的针式播种机基本机型有气动牵引针式播种机、PLC

图 6-11　平板式式播种机

控制针式播种机。两种播种机的播种范围和播种精度相同，但 PLC 控制针式播种机的播种速度和可扩展性更好。

（2）滚筒式播种机

①工作原理。工作时利用带有多排吸孔的滚筒，首先在滚筒内形成真空吸附种子，转动到育苗盘上方时滚筒内形成低压气流释放种子进行播种，接着滚筒内形成高压气流冲洗吸孔，然后滚筒内重新形成真空吸附种子并进入下一循环的播种。②性能特点。适用于大中型育苗场的高效率精密播种机，适用于绝大部分花卉、蔬菜等种子，播种精度可达 99%（对干净、规矩的种子），播种速度高达 18 000 行/h（128 穴的穴盘最多每小时可播 1 000 盘）、无级调速，能在各种穴盘、平盘或栽培钵中播种，并可进行每穴单粒、双粒或多粒形式的播种。

（3）盘式（平板式）播种机

①工作原理。用带有吸孔的盘播种，首先在盘内形成真空吸附种子，再将盘整体转动到穴盘上方并在盘内形成正压气流释放种子进行播种，然后盘回到吸种位置重新形成真空吸附种子并进入下一循环的播种。播种方式为间歇步进式整盘播种，播种速度很快。②性能特点。播种速度很高：一般 1 000~2 000 盘/h。适应范围较广，适合绝大部分穴盘和种子；特殊种子和过大、过小种子的播种精度不高；不同规格的穴盘或种子需要配置附加播种盘、冲穴盘，费用较高，少量播种无法进行。

4. 使用与设备维护要点

（1）使用与操作。一般的育苗生产企业均设有穴盘清洗存放间、基质消毒存放间、播种车间、催芽室、炼苗温室等，该套播种设备放置在播种车间，由于底部装有滑轮，因此可以根据基质堆放的位置进行移动。

播种时，由操作人员将消毒后的基质装入填土机料舱，将穴盘放在填土机传送带入口处，将要播种的种子装入播种机振动料盘中并连接好供水水源，检查整套设备的连接情况，确认无误后可开动控制开关，进行播种作业。播种后的穴盘由操作人员搬至运苗车中并移至催芽室进行催芽。

使用时根据所播种的种子和穴盘的规格应对播种机进行相应调整，以满足不同的需要。①设定播种行数，以适应所使用的穴盘。②设定吸嘴位置，以适应所播种的种子大小，对于滚筒式播种机应确认滚筒与穴盘的规格。③设定振动料盘振动器，通过调节振动器控制料盘振动幅度，保证吸嘴吸附种子的均匀度。

使用 PLC 控制针式播种机时，可选配填土机、灌溉设备、覆土设备等组成自动化播种生产线。

（2）设备维护。每运行 50h，对主轴的轴承（通过铜偏心轮上的吸孔）和活塞顶部的铰接进行润滑。手动将吸嘴管压下，将活塞从气缸中提起并在活塞杆上涂上一点润滑油。加完油后要将多余的油擦干净。

每运行 50h，清洁一次文丘里管。将其从文丘里管座中取出，用一根随机提供的吸嘴清洗线将其中附着的灰尘和种子壳等杂物清洗干净。

在特别潮湿的地方（空气相对湿度 RH 大于 80%），需要在播种机的输气主管路中，加装一台干燥器。此外，建议每天将压缩空气罐排空。

播种机不用时，用一块塑料布或类似物品将播种机盖好，以防灰尘和泥土。

播种季节结束时，或长时间不用播种机时，将其保存在干燥并远离灰尘和泥土的地方。将种子盘清洗干净，并保护好供气管路。

（二）移栽机

人工栽植不仅劳动强度大，作业效率低，而且栽植质量差，行距、株距和栽植深度都难以保持一致。因此，实现机械化移栽是生产的迫切需要。

导苗管式移栽机在国外已广泛应用于蔬菜、甜菜、烟叶及树苗等经济作物的移栽作业。1999 年 9 月，由中国农业大学研制的 2ZDF 型半自动导苗管式移栽机已通过国家农业机具质量监督检测中心的检测鉴定，其主要技术性能指标居国内领先水平，达到国外同类机具的水平，具有广阔的推广应用前景。以导苗管式移栽机为例介绍移栽机的使用与维护。

1. ZDF 型导苗管式移栽机工作原理

导苗管式移栽机主要由喂入器、导苗管、扶苗器、开沟器和覆土镇压轮等工作部件组成（图6-12）。工作时，由人工分苗后，将秧苗投入到喂入器的喂入筒内，当喂入筒转到导苗管的上方时，喂入筒下面的活门打开，秧苗靠重力下落到导苗管内，通过倾斜的导苗管将秧苗引入到开沟器开出的苗沟内，在栅条式扶苗器的扶持下，秧苗呈直立状态，然后在开沟器和覆土镇压轮之间所形成的覆土流的作用下，进行覆土、镇压，完成栽植过程。蔬菜移栽机工作图见图6-13。

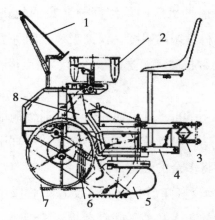

1-苗架；2-喂入器；3-主机架；4-四杆仿形机构；

5-开沟器；6-扶苗器；7-覆土镇压轮；8-导苗管

图 6-12　导苗管式移栽机结构简

图 6-13　蔬菜移栽机

2. 维护与润滑

（1）每日维护。

①检查栅条皮带是否状态良好。必须更换损坏或断裂的栅条。②检查皮带轮的沟槽是否干净。③检查传动机构是否移动，通过手转动镇压轮检查移栽机是否运转良好。④工作之后认真清洗移栽机。

（2）每周维护。

①用润滑油润滑四边形仿行机构的 8 个连接点和深度调节丝杠。②将移栽机提升起来后，用手反向转动镇压轮，检查离合器的运转情况。③同时转动栅条皮带，清理滑动轮毂。④用手压住并压紧弹簧才能将镇压轮松开，取出弹簧销。⑤用油枪给镇压轮轴承加注润滑油。⑥检查大梁地轮。⑦在工作第 1 周之后，检查螺栓和螺母是否牢固，必要时，重新拧紧。

（3）年度维护。

①认真清洗移栽机。②放松栅条皮带。③检查皮带和栅条的情况。④润滑四边形仿行机构的连接点和深度调节丝杠。⑤清理镇压轮上的离合器、轴、轮毂，并加以润滑。⑥清理和润滑双排滚子链。⑦给大梁地轮的油嘴和镇压轮的油嘴加注润滑油。⑧防止移栽机生锈，放置在干燥的地方。

3. 操作使用方法

（1）一般方法。秧苗尺寸与钵体尺寸的相互关系对于获得最好的移栽效果是非常重要的。

对于大而重的钵体与嫩而短的秧苗，在下落时秧苗容易倾倒，嫩小的秧苗不能直立。钵体下落位置不对，栅条不能保持秧苗直立，因此，秧苗容易被埋没。

对于轻而小的钵体与叶茂盛而长的秧苗，由于宽大、结实的叶支在喂入杯或导苗管的壁上，可能产生轻钵体不下落的情况。如果栅条的位置靠得太近，叶子茂盛的秧苗也容易被栅条拔起。

最佳的移栽效果是钵体有足够的重量让秧苗下落到沟底，而下落时足够稳定，能够使秧苗在下落过程中保持直立状态。

（2）问题与解决方法。

①如果秧苗沿移栽机方向倾倒，或者保持倾斜状态。a. 检查栅条之间的距离，必要时将其靠近一些。b. 将导苗管的端部向前移动。c. 将开沟器向前移动。d. 如果栅条皮带轮的拉杆在下孔位置，必须将其放置到上孔位置。e. 检查镇压轮是否打滑。f. 检查开沟器的深度是否足够。

②如果秧苗没有下落到沟底，停留在开沟器内，或者栽植秧苗太靠近地表。a. 将栅条间的距离调整大一些。b. 将导苗管的端部向移栽机前进方向移动。c. 调整开沟器的宽度，以便秧苗不被开沟器卡住。

③如果小秧苗在导苗管内倾倒，将导苗管的端部向前移动。

④如果移栽机工作不稳定或发生滑移。a. 检查链轮和双排链轮是否干净。b. 检查传动装置的间隙大小，间隙应当尽可能大。

⑤如果秧苗在栅条皮带之间向上运动。a. 检查栅条是否靠得太近。b. 检查栅条压板是否与栅条皮带平行。c. 检查钵体是否太轻或者太干燥，必要时喷水。

⑥如果秧苗覆土不好。a. 必须增加栽植深度。b. 检查土壤的耕作深度是否足够。c. 将两个镇压轮靠近一些。d. 将开沟器向前移动。

⑦如果土壤坚硬和结块，栽植深度发生变化。a. 改变座椅的位置，以便使操作者的重量加在镇压轮上。b. 使用分土板，安装在开沟器前面，调整它与开沟器的相对高度，以便能够将较大的土块推在一边。如果必要，增加栽植深度。

⑧如果土壤非常软，移栽机下陷太深。a. 检查座椅位置，操作者的重量应当加在大梁上，不要加在移栽机单体上。b. 移栽前将土壤压实。

⑨如果喂入器皮带打滑，移栽株距改变。a. 用手转动喂入器，检查是否转动有卡滞现象。b. 缩短喂入器直径 8mm 的圆皮带。用锋利的刀将圆皮带垂直截断，然后截取一定的长度，用加热的金属板或者打火机加热融化圆皮带的两端，再将两端紧紧黏合在一起，直到圆皮带冷却。必要时切除凸出部分，圆皮带就可以使用了。

第七章　其他机械设备

第一节　二氧化碳施肥机械

一、二氧化碳气肥在农业上的重要性

在日光温室生产中，由于温室密闭不与外界进行空气交换，一般存在二氧化碳浓度低严重影响蔬菜植物正常光合作用的现象。随着日光温室的迅猛发展和研究的不断深入，人们对大棚内增施气肥重要性的认识也不断增强。

二氧化碳气肥对作物生长起着与水肥同等重要的作用，它可以大大提高光合作用效率，使之产生更多的碳水化合物。首先，增施二氧化碳气肥，可以提高植物的光合效率，使植株生长健壮；提高农产品的内外品质，增加效益。其次，增加产品产量，尤其是瓜果类的前期产量，提早上市时间。最后，可增强植株的抗病性，提高产品的耐贮藏性。可以说，科学增施气肥是增加农作物产量、提高效益的一项重要的基础性技术。

美国科学家在新泽西州的一家农场里，利用二氧化碳对不同作物的不同生长期进行了大量的试验研究，他们发现二氧化碳在农作物的生长旺盛期和成熟期使用，效果最显著。在这两个时期中，如果每周喷射两次二氧化碳气体，喷上 4～5 次后，蔬菜可增产 90%，水稻增产 70%，大豆增产 60%，高粱甚至可以增产 200%。

二、日光温室内二氧化碳气肥的来源

在日光温室生产过程，二氧化碳来源主要有三个方面（图 7-1）。

有机肥分解时释放二氧化碳：有机肥料通过微生物分解可以释放二氧化碳气体。这种方法原料易得，各种作物秸秆、花生壳、松针、锯末、泥炭和粪肥等都是很好的肥源。秸秆以细碎为好，最好用水掺和促进腐烂，并隔一段时间补一次水。

图 7-1   温室中二氧化碳的来源

但二氧化碳释放集中浓度不易控制。

通风换气：是调节二氧化碳浓度的常用方法，但只能在保护地棚内二氧化碳浓度低于 300mg/L 时才能奏效，同时只能使二氧化碳浓度增加到 300mg/L 左右，而且在冬季及早春，通风会引起温度降低，因此只能采取人工补充二氧化碳的方法来增加保护地二氧化碳浓度。

植物体呼吸释放二氧化碳：一般在晚上发生而且量少。

三、释放二氧化碳气肥的机理

光合作用所需要的碳源，主要来自空气中的二氧化碳，棚内二氧化碳的含量，直接影响蔬菜的产量。空气中的二氧化碳的浓度是相当稳定的，约为 300mg/L，而且在作物群体内部及其附近，还常常低于这个数值。

蔬菜大棚密闭，与外界气体不能随时交换，造成棚内二氧化碳含量大大低于棚外。据测定，棚内晴天日出前二氧化碳浓度在 600mg/L，日出后植物进行光合作用，到上午 9 时棚内二氧化碳浓度降至 200mg/L，施放二氧化碳 40min 后可达 1 500～2 000mg/L。3h 后棚内二氧化碳浓度仍保持在 500mg/L，放风后二氧化碳浓度可降至 200mg/L。因此，增加棚内二氧化碳含量，以满足光合作用需要，可提高蔬菜产量。

二氧化碳是植物利用阳光进行光合作用的原料。由于温室大棚的小气候不能按照作物生长需求及时补充二氧化碳，特别是天气晴朗时，作物的光合作用强，二氧化碳需要量多，这时候应该适时增加二氧化碳，可为蔬菜生长提供充足的原料。在温室大棚中适时适量地施放二氧化碳气肥有增产、增糖、抗病、早熟作用。

四、二氧化碳补充方法及常用机械

补充二氧化碳的方法很多，目前常用的方法主要如下。

（一）化学反应法

即用碳酸盐与强酸反应或硫酸盐与有机酸反应产生二氧化碳，目前生产中采用的主要有碳酸氢铵法和颗粒气肥法。

（1）碳酸氢铵法：即用硫酸和碳酸氢铵作用产生二氧化碳，其副产品硫酸铵可作氮肥使用。

（2）颗粒气肥法：以碳酸钙作为基料，有机酸作为调理剂，无机酸作为载体，在高温高压下挤压成直径1厘米左右的扁圆形颗粒，于低温干燥条件下存放，其物理性良好，化学性稳定。施用土壤后遇湿会缓慢释放出二氧化碳气体。

（二）施用颗粒有机生物气肥法

一般以优质的碳酸钙为基料，以常规化肥为载体，加工成颗粒状的气肥，将固体二氧化碳颗粒气肥施入地表或浅埋土中施用，借助光温效应自行潮解释放二氧化碳。施用时勿靠近菜根部，使用后不要用大水漫灌，以免影响二氧化碳气体的释放。

五、目前常用的补充二氧化碳的机械

（一）烟气净化二氧化碳增施机

1. 组成

由二氧化碳钢瓶、二氧化碳流量表、高压气管、电磁阀、光电池、继电器、时间控制器、扩散管组成，如图7-2所示。

2. 工作原理

当晴天日出后，阳光照射在光电池上，光电池产生的电压推动继电器工作，继电器常开触点闭合后，若此时如果时间正处于机械定时器设定启动的时间段内，则

·123·

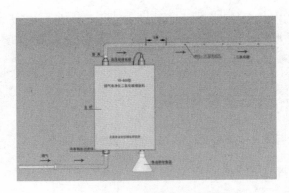

图7-2　YD-660烟气电净化二氧化碳增施机

接通电磁阀、流量表上的加热器，二氧化碳经钢瓶减压后通过打开的电磁阀、铺设的扩散管均匀投送到温室的各个区域。如若此时时间处于机械定时器设定停歇的时间段内，则电磁阀、流量表上的加热器不工作，系统处于停歇状态，直到时间进入启动时间段内系统才能进入工作状态。

3. 操作

①首先在阳光不直接照射在光电池面板状态下将面板方位调至继电器不吸合状态，即调至只有在阳光照射下才吸合的状态。②将减压器进气接头锁母安装在气瓶上，应使流量计表观与地面垂直，并使流量调节钮关闭，然后将气瓶高压阀打开，检查有无漏气现象，如出现漏气，再旋紧螺母，直至不漏气为止；打开流量调节钮前应预热5min左右；调节气体流量时，请将全部气路开通，然后调节流量，直到浮子至所需数值后方可使用。③在使用季节，可旋开二氧化碳钢瓶，保持小压力状态（$5kg/cm^2$）。④按照181H定时器调节触点闭合时间，设定为每天上午8：30开始启动，9：00关闭。⑤按下二氧化碳控制按钮，CO_2钢瓶气肥增施系统即开始自动供气。⑥也可进行手动控制。

4. 注意事项

①严禁碰撞流量计表，以防破裂。②严禁喷水进入流量计及减压器内，以避免加热芯及温控器与其他部件漏电、短路现象发生。

（二）HT-1型二氧化碳发生器

1. 主要结构

HT-1型二氧化碳发生器主要由反应罐、贮酸桶、定量装置、过滤、输气装置等组成。反应罐与贮酸桶上下塔形组合通过塑料桶箍密封相连，反应罐上部设有进酸口，外接输酸管，内部设置有沉降头，以利硫酸与碳酸氢铵更好地接触，提高反应效果，与其对应的180°处设有排气口，反应产生的气体由此排到过滤桶；下面设有排液口，反应后的残液由此倒出；贮酸桶内设有量斗式定量装置，硫酸被提起后经接酸盆流出，经输酸管流向反应罐内进行反应。HT−1型二氧化碳发生器结构见图7−3。

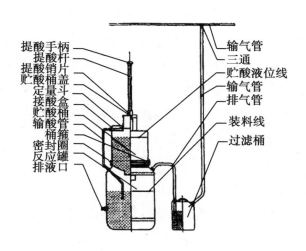

图7−3　HT−1型二氧化碳发生器结构

2. 工作原理

HT−1型二氧化碳发生器采用固体碳酸氢铵和62%的硫酸为原料，经化学反应产气，其化学反应式为：$2NH_4HCO_3+H_2SO_4=(NH_4)_2SO_4+2CO_2\uparrow+2H_2O$，反应后的副产物为$(NH)_2SO_4$可作为优质肥料。

产气过程由硫酸定量装置控制，量斗每一次可提起1kg硫酸。硫酸液体在重力的作下，由上部通过管道流到反应罐内与碳酸氢铵反应，随着反应的进行，反应桶内的二氧化碳气体增多，内部气体的压强逐步增大，经输出口进入过滤桶的水中，气体与水接触后，有害气体溶于水中，比较纯净的二氧化碳气体由过滤器输出口经塑料管引入温室内，通过一定的压强不断均匀输出。

3. 二氧化碳施肥注意事项

二氧化碳是光合作用的重要原料，但它不能代替氮、磷、钾等肥料，只有在施足底肥的基础上才能发挥更大增产作用；采用二氧化碳施肥技术的大棚和温室，应保护塑料膜严密，二氧化碳施放量和施放时间严格按照要求进行；施用二氧化碳后水果、蔬菜生长速度加快，管理一定要跟上，适当增施磷钾肥，促进植株健壮生长；硫酸的使用与保管要注意安全，浓硫酸使用时首先按规定稀释，千万不要把水往硫酸里倒，以免发生危险；反应后的残留物是硫酸铵，每天应收集起来，在确定无酸性后方可作肥料使用。

（三）智能精准气肥机

1. 工作原理

智能精准气肥机利用高精度的二氧化碳传感器检测温室大棚内二氧化碳浓度，将检测到的浓度值与植物进行光合作用所需要的最佳浓度值进行比较，如果发现检测到的浓度值不够，则二氧化碳传感器发信号给控制器，由控制器打开电磁阀，并根据系统中设置的放气时间，控制气瓶通过输气管道向大棚内释放二氧化碳，直到温室大棚内的二氧化碳浓度值满足要求为止。

2. 组成及功用

智能精准气肥机是由二氧化碳传感器、控制器、电磁阀、减压器、控制线、通信线、输气管、二氧化碳气瓶等部件组成（图 7-4）。

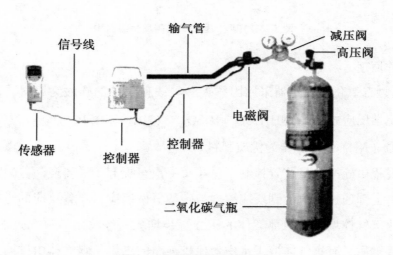

图 7-4 智能精准气肥机组成

①传感器：检测并显示二氧化碳浓度，和控制器一起控制大棚内二氧化碳的浓度。②控制器：控制电磁阀的开关，打开电磁阀时进行放气，关闭电磁阀时停止放气，必须和传感器配合使用。③控制线：普通的导线，连接控制器和电磁阀。④信号线：传感器和控制器之间的通信。⑤输气管：气瓶中的二氧化碳气体通过输气管可以快而均匀地扩散到整个大棚。⑥电磁阀：把从气瓶输出的高压二氧化碳气体转

化为低压二氧化碳气体，以便向输气管输送。⑦二氧化碳气瓶：用于装二氧化碳气体，高压阀是关闭或者开启气瓶的开关。

3. 使用意事项

①在设备使用前一定要检查是否漏气，如果发现漏气现象，则要及时进行检修，保证不再漏气才可使用。②在使用前，请检查传感器、控制器的电源供电是否正常。③如果使用的是无线通信，设备在运行过程中，二氧化碳传感器不要拿出大棚，如果需要拿出大棚，请一定先要关闭传感器或控制器的电源，以免发生事故。④如果出现一直放气，或者二氧化碳浓度高于控制点还继续放气，请迅速关闭二氧化碳气瓶的阀门，以及控制器的电源，并将传感器和控制器送到指定地点进行检修。⑤用户在使用该设备前，一定要仔细阅读使用说明书，按规定进行操作，避免操作不当引起的人身伤害或仪器损坏。⑥随时留意气瓶中的二氧化碳是否用完，如果打开气瓶的高压阀，减压器上的高压表示数位 0 兆帕，则说明二氧化碳已经全部用完。

4. 仪器保养与维护

①仪器在使用过程中，要轻拿轻放，避免与其他物件发生碰撞，以免影响仪器的检测精度。②保持仪器的清洁，传感器的气口不得堵塞，以免影响仪器的正常工作。③仪器使用完毕后，应关闭电源，放置到阴凉、通风的地点保存。④不要用烈性化学制品或强清洗剂清洗仪器。⑤如果仪器出现故障，不得私自拆卸、修理，应及时与生产厂家或指定维修点联系检修事宜。⑥如果用户在使用过程中出现零点漂移，可以与生产厂家联系，由厂家对仪器的零点进行校正。

六、施用二氧化碳应注意的事项

（一）二氧化碳的施用浓度

对于蔬菜光合作用和生长发育来说，并非二氧化碳的浓度越高越好。在温、光、水肥等条件较为适宜的条件下，人工施用二氧化碳的浓度，叶菜类蔬菜以 $600\sim1\,000\mu L/L$ 为宜，果菜类蔬菜以 $1\,000\sim1\,500\mu L/L$ 为宜，生长发育前期和阴天取低限，生长发育后期和晴天取高限。有条件的，要与二氧化碳监测设备配合使用。

（二）施用时间

一般在秋、冬、春三季施用。叶菜类整个生育期都可以施用；果菜类一般在结果期施用，条件允许时最好苗期也用。晴天在日出后 0.5～1h 开始施用，多云天可推迟约 0.5h 施用，通风前 0.5h 停止施用。

（三）注意温、光、水肥相互配合

二氧化碳肥是在其他环境条件适宜，而二氧化碳不足，影响光合作用时施用，才能发挥良好的作用。如果其他环境条件跟不上，仅仅提高二氧化碳浓度达不到增产增收的效果。因此，人工施用地化碳时，要尽量提高保护地内的光照强度，当光照低于 3 000Lx，如阴、雪天气，不要施用。白天温度应保持在 20～30℃的光合作用适宜温度范围内，夜间 13～18℃；白天温度低于 15℃不宜施用。此外，人工施用二氧化碳后，要加大肥水供应，保证植株对矿质营养和水分的需要。

第二节　补光灯

补光灯最大程度地模拟太阳光，广泛适用于温室大棚作物如蔬菜、瓜果、花卉、果树种植、草坪的栽培、水稻育秧和组培室等。大大克服了冬春季光照时间短，棚内作物缺光，特别是阴雨天气多，光照不足等严重影响作物的生长发育的困难。使用补光这一新技术可使作物成熟期明显缩短，产量提高 20%～30%。而且品质优良，花卉鲜艳纯正，瓜果蔬菜着色好，大小均匀，畸形果少，含糖量提高，维生素增加。尤其对育苗有特殊的效果，可使幼苗生长健壮，根系发达，茎秆粗实，叶片肥厚，为大面积栽培奠基先天的基础。补充光源，还使作物生长更加粗壮，增强了免疫和抗病能力，减少了农药的用量，是生产无公害食品理想的高科技产品。

温室最常用的补光灯具有飞利浦农用钠灯、LED 灯、密闭荧光灯和白炽灯等。如图 7-5所示。

图 7-5　补光灯

第三节　温室空间电场电除雾防病促生系统

1. 原理

温室空间电场电除雾防病促生系统能够调节植物生长环境，显著促进植物生长并能十分有效地预防气传病害发生的空间电场环境调控系统。

大气电场如同温度、光照、水分一样是植物生长必不可少的要素，它对植物生理作用的揭示晚于植物光合作用的原因是因为大气电场是一种不通过仪器无法察觉的地球环境要素。大气电场对植物生理作用的揭示为发挥植物的生产潜能提供了又一可调控因子。模拟大气电场变化的静电场——空间电场就如同我们为植物增加了光照强度等有利因素。对于植物而言，空间电场理论的关键技术之一，就是空间电场强度的作用方向与作用方式：空间电场必须是正向空间电场，即场强方向由天空指向地面；间歇工作的正向空间电场才能够获得最佳的生长和防病效果。由于设置在植物上方的正电极带有足以使空气发生电离的高电压（电晕放电现象），空气中的氮气与氧气反应产生可溶于水的二氧化氮，而被植物吸收，这是空间电场环境中植物叶色浓绿、生长旺盛的另一重要原因。在空间电场环境中，空气泄漏电流由上空正极通过空气、植物、根系与土壤界面导入大地。对于根系—土壤微环境来讲，根系又相当于正极，而土壤则为负极，土壤中水电离的 OH^-，则在根系土壤界面处发生微电解反应而生成氧气，因此，空间电场环境中植物根系活力（根白而发达）显著高于普通环境中根系的活力。在正向空间电场环境中，植物根系可向根系—土壤界面释放大量的氢离子，这是形成空间泄漏电流的质子载体，这些氢离子与土壤中的阳离子进行交换。同样，当场强 E<0 时，由根系传递出的碳酸氢根离子也可以引起多种离子成分的交换，促使植物在空间电场环境中旺盛生长。

空间电场的主要作用：①空间电场，通过调控植物生长、光合作用及钙离子的输运，获得优质、高产；②空间电场，进行温室空气净化、除雾、病原物起飞的抑制及空气传播渠道的切断，防治土传、基质传病害，实现自动预防病害的目的；③空间电场的电极系统产生的臭氧、氮氧化物、高能带电粒子能杀灭真菌病原物，实现自动预防病害、消灭农药残留的目的；④空间电场的电极系统空气放电生产空气氮肥，替代含氮化肥的使用。

利用人工产生的空间电场能够极其有效地消除温室的雾气、空气微生物等微颗粒，彻底消除动植物养育封闭环境的闷湿感、建立空气清新的生长环境。在这个空间电场环境中，有电极放电产生的臭氧、氧化氮和高能带电粒子，用于预防植物气传病害、并向植物提供空气氮肥。

目前，空间电场系列装备在温室整体空间的雾气消除与抑制、温室与大田植物气传病害的预防、部分温室植物土传病害的抑制、连阴天带来的弱光和低根温以及 CO_2 短缺引起的生理障碍的预防、植物产品果实的增甜、增产的示范试验方面取得很好的效果。

温室空间电场电除雾防病促生系统原理见图 7-6。

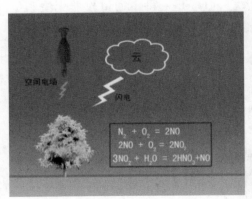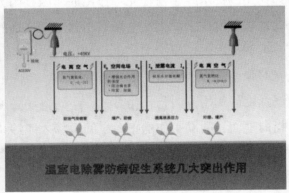

图 7-6　温室空间电场电除雾防病促生系统原理

2. 组成

空间电场电除雾防病促生系统主要由主机、若干个绝缘子、电极线、控制器等组成，如图7-7所示。安装完毕的大棚见图7-8。

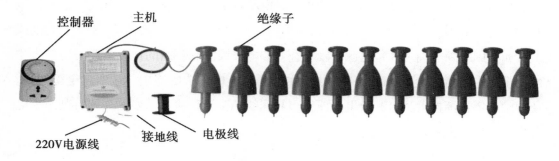

图7-7　空间电场电除雾防病促生系统组成

图7-8　安装完毕的大棚

3. 功效

①作物产量提高20%以上。②果实糖度显著提高。③预防气传病害效率大于90%。④预防土传病害效率为70%。

4. 特点

①绿色环保，减少甚至不用化肥和农药，实现农产品的绿色无害化生产。②无毒无污染，能有效改善农产品品质，提高含糖量和各种维生素含量。③减少病虫害的发生，促进作物早熟，产品提前上市，增产效果显著。④使用方便，安全可靠，不会产生不良后果。

5. 使用方法

①一般系统每工作 15～30min 停歇 25～55min。通电后即可工作。调试方法如下：当绿灯亮时使用验电笔逐渐接近电极至 4cm 左右时。但务必注意不要触碰电极线，验电笔灯亮时为正常。②电极线短路检查：验电笔灯不亮时为故障，应首先检查电极线是否有短路的地方。特别是看是否有蜘蛛网、铁丝、灯线或其他物体靠在了电极线上，如有则必须清理。③主电源故障检查：如电极线没有短路的地方，此时应检查主电源是否有故障。检查程序如下：断开主电源与电极系统的连接。接通主电源电路。使用验电笔逐渐接近主电源放电头或输出高压线端头进行检查，如不亮则可判断主电源损坏，做更换处理。

6. 维护

温室电除雾防病促生系统的维护主要是对电极系统的维护，即电极线、绝缘子的清洁维护。

①绝缘子的维护：绝缘子每月需要清洗一次，每次清洗需要关掉电源进行，清洗时务必将绝缘子表面上的灰尘以及绝缘子防尘罩内部污染物清洗掉。②电极线的维护：每天必须观察是否有绳线、铁丝、木杆、金属构件等异物触碰了电极线或过于接近电极线（10m 以内），如有必须立即清理。

7. 安全注意事项

严防触摸：温室电除雾防病促生系统属于高电压小电流的电工/电子类产品，因此严禁触摸电极线。

第四节　种子磁化处理机

种子磁化处理技术是一项新的物理农业技术，也是一项很有价值的农业增产技术，国外早已广泛应用。在外加磁场的作用下，增强了种子中的酶的功能和活力，促进植物根系生长和吸收养分。根据几年的对比试验表明，凡是经过磁化处理的粮食、蔬菜及经济作物的种子，都比没有磁化的发芽早、长势旺、苗粗根壮。据测算，玉米平均增产 8.1%左右，小麦平均增产 7.6%，蔬菜平均增产 15%～20%。

1. 组成

种子磁化机（图 7-9）主要由料仓、流量调节阀、磁化通道、磁块、出料口、底板、行走轮、轨道、调整丝杠、手柄、固定座、螺栓、螺母、箱体组装而成。料仓和出料口连为一体，形成一个磁化通道。流量调节阀安装在磁化通道入口处。可根据不同籽种的不同最佳磁化场强来设定各不相同的磁场，以达到最佳磁化效果目的。可提高发芽率5%~8%。

出苗期可提前1~2d，并能提高种子抗病能力。在播种前24h内用磁场对农作物种子进行直接磁化处理，增强种子酶的功能和活力，促进植物根系生长和吸收水分，提高种子的发芽率和作物的新陈代谢，使其稳健生长（图7-9）。

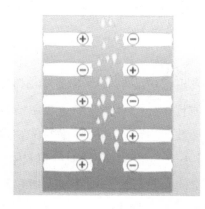 

图7-9 种子磁化机促生示意图

2. 磁化处理与丰产原理

磁场种子处理机是依据磁场种子处理正向效应和种子微磁性互作机理开发的新型种子磁化机。采用多级交变磁极处理结构进行落种处理，种子在磁场处理正向效应规定的磁场强度范围内受到微磁化和物质结构扭变处理，处理后的种子播种于土壤中会与土壤形成生化、物理性质的互作，带有微磁性的种子会将其周边的微量元素铁磁性物质、顺磁性物质吸引至种子表皮—土壤固液混合相组成的活性界面中，扭变的膜结构会在土壤环境中慢慢得到修复，之后种子萌发并加以利用丰富的微量元素构建丰产的物质基础。另外，微磁性种子还能够解析土壤吸附性磷元素，增加土壤有效磷的含量。

3. 应用范围

适用于能够进行种子播种的粮食作物、蔬菜、经济作物、花卉、药材等植物种子的播前及时处理。

4. 操作规范及维护

①设备使用时可放置于地面，也可垫高，但必须放置平稳，检查分流器，使之位于磁化筒正中，并注意磁化筒要避免强烈撞击，不要放在高压线下、变压器旁或靠近热源，以防消磁。如果磁化筒内磁化间隙由于振动而偏离，可用木棒调整均

匀，以防夹住种子，注意不可用铁制金属棒。②磁化前要清除种子中的铁质杂质，防止造成机器堵塞和影响磁场强度与方向。③种子要连续处理两遍，磁化完的种子要在 24h 内播种完毕。24h 内未播的应重新磁化。④不使用时选择无电场和磁场影响的地方存放。

第五节　声波助长仪

1. 原理

声波助长仪是利用植物的声学特性使发出的声波与植物自身声波频率一致产生谐振，能够辅助植物生长的原理研制的物理装备。植物声波助长技术的基本原理是利用声波助长仪对植物施加特定频率的谐振波，当谐振波的频率与植物本身固有的生理系统频率相一致时，就会使植物发生共振，从而加速植物活细胞内电子流的流动，增强植物的光合作用，促进对各种元素的吸收、传输和转化，可以扩张植物叶面气孔，刺激植物快速生长、增加作物产量、提高营养品质、增强抗病能力、驱逐敏感害虫、提早开花结实，延长储运时间等多种功效。

该声波增强植物的光合作用和吸收能力，增大植物的呼吸强度和呼吸能力，加快茎、叶等营养器官的生化反应过程，促进生长发育；提高营养物质制造量，加快果实或营养体的形成过程，也增加了酶的合成，从而促进了蛋白质、糖等有机物质的合成；并且保持细胞内较高的氧化水平，对病菌分泌的毒素有破坏作用，还能提供能量和中间产物，有利于植物形成某些隔离区（如木栓隔离层），阻止病斑扩大；可使敏感害虫因对谐振波的厌恶感或恐惧感，不能繁育或者主动离开，达到驱逐敏感害虫的功效。

2. 组成

由音箱、控制面板、电源线组成。控制面板上有开关、音量调谐和频道选择旋钮，如图 7-10 和图 7-11 所示。

3. 使用

使用时，将声波助长仪放在菜地的中央。声波助长仪的使用半径一般为 60m。使用前，先接通电源。开机前先将音量调到最小位置。然后打开开关。第二步选择频道。供蔬菜使用的声波助长仪在 20～20kHz 的波段内设 8 个频道。气温在 15℃ 以下，湿度较大时选用 1～3 频道；气温在 15～28℃，湿度适中，选用 4～6 频道；气温超过 28℃ 或比较干燥时，选用 7～8 频道。第三步是选择音量。开机后逐渐加大

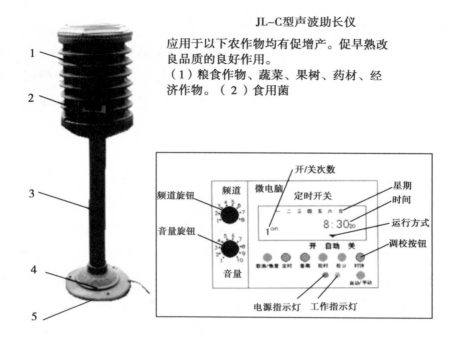

JL-C型声波助长仪

应用于以下农作物均有促增产。促早熟改良品质的良好作用。

（1）粮食作物、蔬菜、果树、药材、经济作物。（2）食用菌

1-音箱主体；2-微电脑；3-支杆；4-底座；5-电源线

图7-10 声波助长仪组成

图7-11 声波助长仪

音量。音量一般为40～50dB，以人在使用地块的边缘处可以听清楚为宜。

声波助长仪在蔬菜的生长期使用效果最好。使用的时间为每天一次，每次两小时，以早上8～10h为最好。蔬菜收获后，应将仪器放置在远离热源、干燥、避光的地方存放。

注意雷雨天气不要使用。

4. 与声波助长仪配套的栽培工艺

声波与肥水供应、时间相配合可满足不同的生产要求。

（1）缩短根菜类蔬菜的生长周期的栽培管理工艺。在常规的声波使用条件下，增加钾肥和水分的供应量。对于水萝卜、白萝卜长期保持土壤含水率40%以上且富钾时，可比原生长周期缩短1/4～1/3，且口感甜脆。

（2）果菜类蔬菜的促早熟的栽培管理工艺。在果实膨胀为商品果的75%以上时，增加声波使用次数，即每周增加3次。对于草莓，可促早熟3～7d。

（3）果菜类、叶菜类蔬菜增产的栽培管理工艺。在正常的声波加载环境中，经常性地喷施0.3%磷酸二氢钾、1%～2%尿素、0.2%～0.3%硼酸可增产30%左右。

（4）根菜、果菜增甜栽培管理工艺。由于声波改善了植物同化物向根输送的生化反应条件，在此条件下补充二氧化碳和增加钾肥供应量都可显著地增加块根的含糖量，进而改善萝卜等块根类蔬菜的口感，这是水果化萝卜的重要生产工艺。对于设施草莓、小果番茄生产来讲，在声波环境中补充二氧化碳和增加钾肥供应量能够显著地提高果实的含糖量，这是生产优质水果、瓜果的成熟工艺。

（5）菌丝与食用菌子实体生成促进。每日傍晚5—7点开始使用声波助长仪0.5h左右，3天后可显著增加菌丝量以及原基和籽实体数量，5天后的籽实体数量可增加20%～40%。

5. 声波助长仪原理

植物声波助长仪是一个根据温度的不同而发出不同声波的设备，其基本原理是对植物施加特定频率的声波处理，由于匹配吸收，发生谐振，促进各种营养元素的吸收、运输和转化，从而增强了植物的光合和吸收能力，促进其生长发育，达到增产、优质、抗病的目的。该设备由人工根据温度变化调节声响频道，需专人守候不断观察温度计的变化，枉等不便，且浪费人力。为此，笔者设计了一个根据温度变化而自动变换声响挡位的电路，具体电路见温度控制自动变化电路原理图。

（1）元器件选择及注意事项。温度控制自动变化电路原理图中：R_t为51kΩ负温度系数热敏电阻，其阻值随温度升高而减少，也可用其他阻值同类型热敏电阻，但要根据实验而定，以确保覆盖所控温度范围为准，热敏电阻应选择体积相对大一些，以避免所控两温度段相邻点过于灵敏。

电压比较器（LM311）集成运放非线性应用电路，它将一个模拟量电压信号和一个参考电压相比较，在二者幅度相等的附近，输出电压将产生跃变，相应输出高电平或低电平。比较器可以组成非正弦波形变换电路及应用于模拟与数字信号转换等领域。

继电器 J 可根据所控对象选择 12V 小型继电器。为了精确控制温度范围，可调电阻 W1～W6 最好使用小型多圈可调电阻。R32～R37 固定电阻功率应在 1W 以上，以免发热。

（2）工作原理（图 7-12）。a 点电位通过 300Ω 电阻直接加到各个电压比较器的反相输入端（-）。电压比较器的同相输入端（+）接入可调电阻 w，用以调整各个电压比较器的基准电压。线路工作前首先调整各电压比较器的基准电压，基准电压每个比较器是不同的，从 A_1 到 A_6 逐渐降低。比如：电压比较器 A_1 的基准电压调整到 6.5V，电压比较器 A_2 的基准电压只能调到小于 6.5V，A_3 调到小于 A_2 的基准电压，依次进行调整。

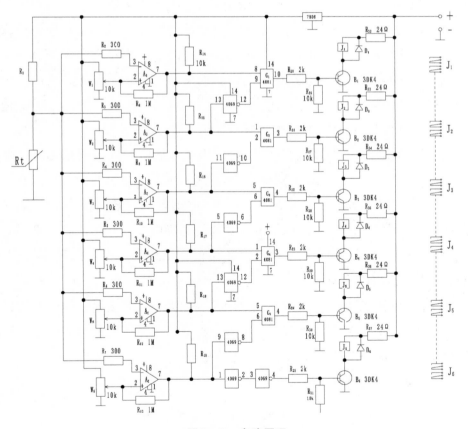

图 7-12　电路原理

当温度比较低时，电压比较器 A_1 反相输入端（3）的电位高于同相输入端（2）

的电位，电压比较器 A_1 输出低电平，该电平加到与门 G_1 的 8 脚。G_1 的 9 脚通过反相器与电压比较器 A_2 输出端相接，9 脚位高电平，此时与门 G_1 输出端为低电平，开关三极管 B_1（3DK4）不工作，继电器 J_1 不动作。

当温度升高时，a 点电位降低，当降到电压比较器 A_1 的反相输入端电位低于同相端时，电压比较器 A_1 输出高电平，此时与门 G_1 的两个输入端（8 脚、9 脚）均为高电平，输出端也为高电平，开关三极管 B_1 工作，继电器 J_1 动作。

温度继续上升，电压比较器 A_2 的反相输入端（3）电位低于同相输入端（2）时，A_2 输出高电平，该高电平加到与门 G_2 的 1 脚，此时的 G_2 的 2 脚也为高电平，与门 G_2 输出高电平，三极管 B_2 工作，继电器 J_2 动作。在 A_2 输出高电平时，该高电平通过反相器同时加到与门 G_1 的 9 脚，与门 G_1 的 9 脚由原来的高电平变为低电平，与门 G_1 输出又变成低电平，三极管 B_1 停止工作，继电器 J_1 也恢复到原来状态。若温度再继续升高，工作程序与上相同，继电器 J_3～J_6 也依次导通。

当温度降低时，a 点电位升高，当升到电压比较器 A_6 的反相输入端电位高于同相端时，电压比较器 A_6 输出低电平，该电平通过两个反相器输出为低电平。开关三极管 B_6（3DK4）停止工作，继电器 J_6 停止动作。此时电压比较器 A_6 的输出端通过一个反相器又和与门 G_5 的 6 脚相连，与门 5、6 脚均输入高电平，与门 G_5 输出高电平，开关三极管 B_5（3DK4）导通，继电器 J_5 动作。

当温度继续降低时，电压比较器 A_5 的反相输入端电位高于同相端时，电压比较器 A_5 输出低电平，与门 G_5 的 5 脚输入低电平，与门 G_5 输出为低电平，开关三极管 B_5（3DK4）停止工作，继电器 J_5 停止动作。此时电压比较器 A_5 的输出端又通过反相器加到与门 G_4 的 2 脚，与门 G_4 的 1、2 脚均为高电平，则输出高电平，开关三极管 B_4（3DK4）导通，继电器 J_4 动作。若温度在继续下降，工作程序与上相同，继电器 J_4～J_1 也依次停止动作。

各继电器通断根据负温度系数热敏电阻的变化而发生着变化，继电器的触点又与声频发生器各波段接点对应连接。当哪个一继电器工作，就相当于调整到了哪一波段，植物声波助长仪就相应地发出不同频率声波。

植物声波助长仪与温度对照见表 7-1。

表 7-1　植物声波助长仪与温度对照

波段	1	2	3	4	5	6
温室内气温（℃）	10～20	20～25	25～28	28～30	30～35	35～40

第八章 设施农业与我们的生活

　　设施农业，是在环境相对可控条件下，采用工程技术手段，进行动植物高效生产的一种现代农业方式。设施农业涵盖设施种植、设施养殖和设施食用菌等。在国际的称谓上，欧洲、日本等通常使用"设施农业（Protected Agriculture）"这一概念，美国等通常使用"可控环境农业（Controlled Environmental Agriculture）"一词。2012年我国设施农业面积已占世界总面积85%以上，其中95%以上是利用聚烯烃温室大棚膜覆盖。我国设施农业已经成为世界上最大面积利用太阳能的工程，绝对数量优势使我国设施农业进入量变质变转化期，技术水平越来越接近世界先进水平。设施栽培是露天种植产量的3.5倍，我国人均耕地面积仅有世界人均面积40%，发展设施农业是解决我国人多地少制约可持续发展问题的最有效技术工程。它的核心设施就是环境安全型温室、环境安全型畜禽舍、环境安全型菇房。关键技术是能够最大限度利用太阳能的覆盖材料，做到寒冷季节高透明高保温；夏季能够降温防苔；能够将太阳光无用光波转变为适应光合需要的光波；良好的防尘抗污功能等。它根据不同的种养品种需要设计成不同设施类型，同时选择适宜的品种和相应的栽培技术。

1. 蔬菜生产

　　蔬菜是人民群众生活不可缺少的重要食品，蔬菜产业是现代农业的重要组成部分，是关系到国计民生的重要产业。随着社会的进步、人民生活水平的提高，人们对蔬菜的需求量远远大于对米面和肉类的需要，成人一天米面摄入量不超过500g，然而蔬菜摄入量一般在500～1 000g，中国蔬菜种植面积仅次于水稻、小麦，属第三大作物。每年需求量7亿吨以上，由于蔬菜产后损耗率较大，蔬菜缺口在1亿吨以上，新疆每年蔬菜需求在1 200万吨以上。"十一五"以来，新疆以设施蔬菜为主的设施农业发展迅猛，每年以10万公顷以上的速度递增。2010年设施蔬菜面积108.9万公顷，较上年增加20.9万公顷，产量241万吨。新疆维吾尔自治区与中亚国家通关的有10多个边境口岸，正成为我国蔬菜出口大区，连续5年新疆蔬菜出口量均名列全国前五位。随着"一带一路"发展，蔬菜市场

· 139 ·

需求及出口量将大幅增加。因此，发展蔬菜生产对增加出口创汇、发展国民经济具有重要意义。

2. 设施养殖

设施养殖主要有水产养殖和畜牧养殖两大类。①水产养殖按技术分类有围网养殖和网箱养殖技术。在水产养殖方面，围网养殖和网箱养殖技术已经得到普遍应用。网箱养殖具有节省土地、可充分利用水域资源、设备简单、管理方便、效益高和机动灵活等优点。安徽的水产养殖较多使用的是网箱和增氧机。广西农民主要是采用网箱养殖的方式。天津推广适合本地发展的池塘水底铺膜养殖技术，解决了池塘清淤的问题，减少了水的流失。上海提出了"实用型水产大棚温室"的构想，采取简易的低成本的保温、增氧、净水等措施，解决了部分名贵鱼类越冬难题。陆基水产养殖也是上海近年来推广的一项新兴的水产养殖方式，但是投入成本高，回收周期长，较难被养殖场（户）接受。②在畜牧养殖方面，大型养殖场或养殖试验示范基地的养殖设施主要是开放（敞）式和有窗式，封闭式养殖主要以农户分散经营为主。开放（敞）式养殖设备造价低，通风透气，可节约能源。有窗式养殖优点是可为畜、禽类创造良好的环境条件，但投资比较大。安徽、山东等省以开放式养殖和有窗式养殖为主，封闭式相对较少；青海设施养殖中绝大多数为有窗式畜棚。贵州目前的养殖设施主要是用于猪、牛、羊、禽养殖的各种圈舍，以有窗式为主，开敞式占有少部分，密闭式的圈舍比较少。黑龙江养殖设施以具有一定生产规模的养牛和养猪场为主，主要采用有窗式、开放式圈舍。河南省设施养殖以密闭式设施为主。甘肃养殖主要以暖棚圈养为主，采取规模化暖棚圈养，实行秋冬季温棚开窗养殖、春夏季开放（敞）式养殖的方式。

3. 花卉生产

花卉生产是园艺产业的一部分。随着人民生活水平的不断提高，花卉的需求量日益扩大，花卉业已经成为具有巨大潜力的新兴产业。1996年全国有花店7 000家，花卉批发交易市场30个。1997年北京市鲜切花实现销售收入近2亿元，广州芳村岭南花卉市场平均每天成交额达100万元。目前北京市场鲜切花需求量每年在1 000万支以上。北方早期的冬季花卉生产均是利用一立一斜式、一面坡式、半地下式等加温温室；南方多为大棚、荫棚，以生产盆花为主，产业化程度低，温室性能不佳，耗能量大。夏季花卉生产多采用荫棚，苇帘覆盖遮阴，目前多采用塑料遮阴网拱棚覆盖。20世纪70年代末从国外引进一批现代化温室，由于能耗大，生产成本高，目前多已改为他用。北方的花卉生产面临着南方和国外市场的竞争，必须在设施的节能、反季节栽培和品种选择上寻求突破。

4. 果树生产

1995 年全国水果年产量为 4 214.4 万吨，1996 年水果总产量约为 4 600 万吨。就总产量而言，我国已成为世界最大的水果生产国。由于大多数水果耐贮藏运输，因而部分水果的周年供应多是通过当地生产、贮藏、外运等途径解决的。一些不耐贮藏运输的浆果类和核果类水果则难以实现鲜果的周年供应，如葡萄、草莓、樱桃、桃、李子、无花果等。日本等国较早地开展了设施果树生产。我国从 20 世纪 80 年代后期开始水果的设施栽培，目前草莓、葡萄已经形成规模化、产业化生产。今后应进一步拓展果树的种类，选育适宜设施栽培的品种，研制适合果树用的专用设施，为浆果类和核果类等水果的周年均衡供应奠定基础。

5. 大田作物育苗

大田作物的育秧尤其是水稻育秧，采用简易设施集中管理，节种节水效果明显，大幅度延长了水稻的生长期，现已形成较为成熟的技术体系。近年来，水稻软盘育苗和抛秧技术又取得突破性进展，大大减轻了水稻插秧的劳动程度，增产效果明显。将棉花、玉米通过设施育苗（塑料拱棚）也可显著延长作物的光能利用时间，幼苗期集中管理节水节肥节药效果明显，并可以抗御低温、冰雹、暴雨等自然灾害的威胁，减灾效果显著，应用推广前景十分广阔。

6. 旅游观光农业

将高新技术应用于现代设施农业，已成为观光农业的主要景点之一，上海孙桥现代农业开发区和南京大厂区无公害园艺场，集旅游观光、科普教育为一体，成为多功能的现代农业的典范，每年吸引来自全国各地众多的观光旅游者，社会效益显著，经济回报也很高。

"中国农业正处于一个大产业、大市场、大发展的朝阳行业中，面临着农业产业化大发展的新浪潮。"人大代表林印孙在人大会上说，怀揣"三农"梦想、想在农业产业化领域有所作为的企业，一定要紧跟农业现代化发展进程，实现产业结构转型和升级。有业内专家分析："由于政策的导向，在新的农业生产经营体制下，农业示范园区的大力推广及以家庭农场为代表的新型农业经济体的出现，必然会在农业现代化发展方面推起一阵波澜，因为农业示范园、家庭农场、农业合作社这些农业经济体生产经营规模化，在获得经济效益的同时兼顾生态、环保等社会效益。它们相对农户经济实力强，会积极采取新技术、新设备来提高产量和生产效率，降低人力成本，这样会给农业配套产业带来巨大的需求，尤其是农业科技领域的设施农业和无土栽培。"

随着农业生产经营体制的创新，中国将出现大批量的新型农业经济体，即农业示范园区、家庭农场、农业专业合作社等，这将是一次农业产业化的浪潮。在此产业化大潮下，农业相关的配套服务业尤其是设施农业必然迎来快速发展的契机。

参考文献

高寿利 . 2010. 我国设施园艺区域发展模式研究 ［D］. 北京：北京林业大学 .

鲁纯养 . 1994. 农业生物环境原理 ［M］. 北京：农业出版社 .

齐飞 . 2009. 温室及设备管理 ［M］. 北京：化学工业出版社 .

史慧锋 . 2013. 日光温室新型燃煤热风炉的设计及推广应用 ［D］. 乌鲁木齐：新疆农业大学 .

杨仁全 . 2010. 工厂化农业生产 ［M］. 北京：中国农业出版社 .

于凤玲 . 2014. 中国能源与经济发展关系实证研究 ［D］. 长沙：中南大学 .

周长吉 . 2003. 现代温室工程 ［M］. 北京：化学工业出版社 .